TURING 图灵新知

简单微积分

学校未教过的超简易入门技巧

Introduction to Calculus

Masahiro Kaminaga

[日]
神永正博——著

李慧慧——译

人 民 邮 电 出 版 社
北 京

图书在版编目（CIP）数据

简单微积分：学校未教过的超简易入门技巧 /（日）神永正博著；李慧慧译. -- 北京：人民邮电出版社，2018.7

（图灵新知）

ISBN 978-7-115-48507-6

Ⅰ. ①简… Ⅱ. ①神… ②李… Ⅲ. ①微积分－普及读物 Ⅳ. ①O172-49

中国版本图书馆CIP数据核字（2018）第108661号

内 容 提 要

本书为微积分入门科普读物，书中以微积分的“思考方法”为核心，以生活例子通俗介绍了微积分的基本原理、公式推导以及实际应用意义，解答了微积分初学者遭遇的常见困惑。本书讲解循序渐进、生动直白，没有烦琐计算、干涩理论，是一本只需“轻松阅读”便可以理解微积分原理的入门书。

◆ 著　[日]神永正博
译　李慧慧
责任编辑　武晓宇
装帧设计　broussaille私制
责任印制　周昇亮

◆ 人民邮电出版社出版发行　北京市丰台区成寿寺路11号
邮编　100164　电子邮件　315@ptpress.com.cn
网址　https://www.ptpress.com.cn
北京天宇星印刷厂印刷

◆ 开本：880×1230　1/32
印张：7　2018年7月第1版
字数：117千字　2025年3月北京第42次印刷

著作权合同登记号　图字：01-2017-2043号

定价：59.80元

读者服务热线：(010)84084456-6009　印装质量热线：(010)81055316

反盗版热线：(010)81055315

前言

如书名所示，本书是一本微积分入门书。虽然是入门书，不过写到后面，却发现内容已经相当有深度。

这样的话，或许你会想:“是不是先得准备纸和铅笔?”

不用，我们不需要纸和铅笔。本书是一本只需要“读”的微积分入门书。请轻松地来阅读吧。

说起微积分，大家有什么印象？想必很多人会联想到棘手的计算吧。甚至还会有人想到这种情景——在学校的考试中，只是因为计算稍稍出错，就被大幅扣分，凄惨至极。

微积分的要点难道不就是“背诵和计算”吗？背诵公式，然后计算得出答案，这不就行了吗？

哎呀，这位姑娘似乎认为解决微积分问题，只要套用背诵的公式就足够了。这就是那种在学校的考试中掌握了应试要领的典型人物。

直白来说，在制造、设计等实际情况中应用微积分时，根本不用操心复杂的计算，因为有优秀的数值计算软件帮忙。

不过，对于如何看待微积分，还存在像上面这位博士一样的一类人，他们的看法在某种意义上略显偏激。这种人在学校里可能难以被认可，不过在社会中似乎能生存下去。

本书讲解微积分选择的是这位博士的立场。因为我认为，虽然会计算微积分更好，但最开始学习微积分时，重点并不在计算上。

数学家是擅长数学的人，所以他们也很擅长计算吧？不，不一定是这样的。令人意外的是，数学家不仅会有不少单纯的计算失误，而且也常常会在思路上出现错误。

创立了组合拓扑学的天才数学家亨利·庞加莱也是经常犯错误的，据说就连他的论文中也存在不少错误。

但是，庞加莱思考的方向在本质上是准确无误的。只要思考的方向正确，即使稍微出点儿差错，对整体而言也并不是致命的。在学校，考试之所以依据计算结果的正确与否来确定成绩，是因为根据思路来给分数比较困难。

我喜欢南方的国家，2010 年曾在印度生活了一年。在金奈（Chennai，旧称 Madras）的一所数理科学研究所做研究时，深深吸引我的不仅是印度这个国家，还有印度人的研究方法。

其中令人惊讶的是，印度的研究者不怎么计算。当然，并不是完全不计算，而是与计算相比，他们在思考上花费的时间更长。我甚至怀疑他们这样是不是为了节约纸。“只要有纸和铅笔就能够做研究”是数学家的口头禅，但是印度人可能会笑道：“难道最重要的不是用脑子吗？”在印度的经历让我切身体会到，数学研究中使用的是头脑。

印度数学家是在头脑中计算的吗？毕竟他们可是一群能够背诵 20 × 20 的乘法口诀表的人。你可能会认为，他们用心算来计算肯定是小菜一碟。

但是，事实并非如此。印度的数学家会凭感觉来思考。在进行最后计算之前，他们首先用感觉思考，寻找正确的解题思路，这个阶段非常重要。如果能在思考阶段找到正确思路，之后总会有办法解决计算问题。

同样，本书的侧重点也放在了“思考的要领”上，我认为这是微积分的本质。比如，第 1 章中几乎没有出现积分符号。你可能会担心，不用积分符号的话是否能够真正理解相关内容。其实，先在第 1 章中接触微积分的本质内容，第 2 章之后出现的公式、算式将会意外地变得易于理解。

略微谈点儿抽象的内容，其实微积分的本质在于方法。简单说，如果抓住思考的“要领”，那么就能轻而易举地理解复杂算式。思考的方向找对了，之后只要根据需求掌握计算技术就可以了。相反，如果不能掌握思考要领，直接从计算技术入手的话，微积分的学习便如同咀嚼沙子一般变成了苦涩的修行。

即便你对计算不是特别明白，也没必要在意；或者一点儿也不明白，也没有关系。让我们放松下来，轻松地去探索微积分的本质吧！

目录

第 1 章　积分是什么 ~1

积分的存在意义 ~2

积分应用的基础 ~2

所有图形都与长方形相通 ~5

近似的方法 ~8

和变为了积分 ~13

何为“接近精确值” ~18

两个思想实验 ~20

椭圆的面积 ~20

地球的体积 ~25

切口的秘密 ~32

卡瓦列利原理 ~32

三分之一的原理 ~37

圆锥的体积 ~45

球的体积 ~48
球的表面积 ~54
感觉和逻辑 ~59
初中入学考试中的积分 ~59
像小学生那样求圆环体体积 ~67
把甜甜圈变成蛇的方法 ~69
帕普斯 – 古尔丁定理 ~73

第 2 章　微分是什么 ~77

微分存在的意义 ~78
分析钻石的价格 ~78
“亮出指数”的理由 ~86
乘积的微分公式 ~94
从未知到已知 ~97
商的微分公式 ~100
再次扩展幂函数的微分公式 ~102
丰富多彩的函数世界 ~105
山峰和山谷 ~105
了解切线 ~109
根据单调性表画函数图像 ~113
最大值和最小值、极大值和极小值 ~117
手绘函数图像的意义 ~119

存在休息平台的函数 ~121

有预谋地使用微分 ~128

理想的冰激凌蛋卷筒 ~128

“忽略”与“不可忽略”的界线 ~138

第 3 章　探寻微积分的可能性 ~141

1800 年后的真相 ~142

反军队式学习法 ~142

伟大的发现会成为未来的常识 ~144

基本定理的使用方法 ~152

填坑 ~160

自然常数从何而来 ~160

无限接近于精确的值 ~164

关键在于根号 ~166

转换思路能行得通吗 ~169

指数函数出现了 ~175

让关系更清晰 ~178

唯一一个微分后不会发生变化的函数 ~181

弯曲也没问题 ~184

测量曲线的长度 ~184

简洁的悬链线公式 ~187

验证项链的长度 ~194

微积分的真身 ~199

微分的可能性 ~199

微分相关的冒险 ~202

近似和忽略 ~205

后记 ~207

尾注 ~209

内文图版设计：フレア

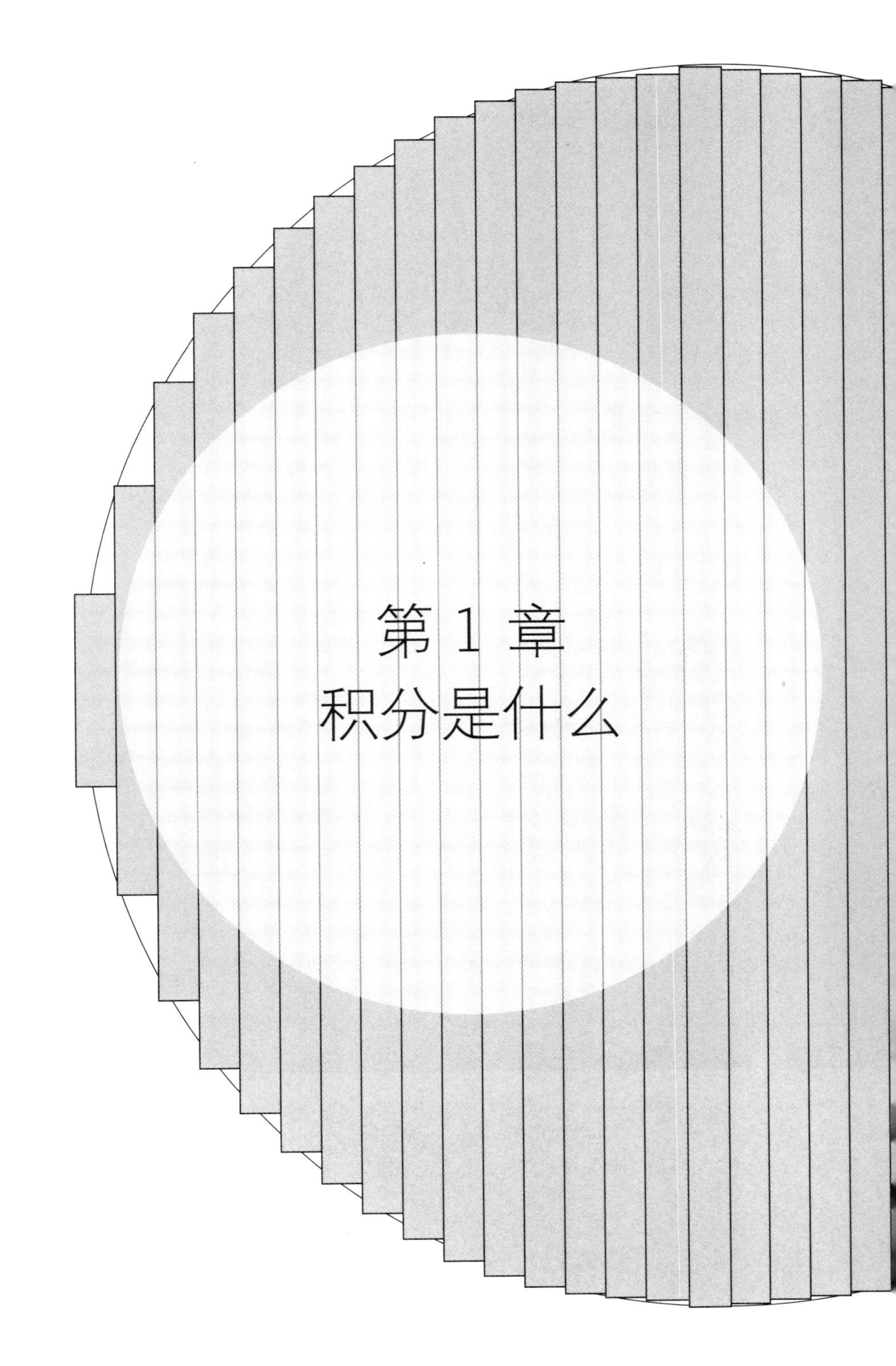

第 1 章
积分是什么

积分的存在意义

积分应用的基础

一般不是从微分开始学习吗?

从积分开始讲，是因为积分能够“图形化”。积分的基础是求面积、体积，所以更容易形象化。

小学所学的图形面积、体积的计算，实际上是与积分世界相连通的。积分并不是高中教材中突然半路杀出的“程咬金”，初等教育中相关内容的学习，已经为迈入积分世界做了充分的热身。

而对于微分，大部分人都感觉不是很熟悉。说起微分，就会提到“切线斜率”“瞬时速度”“加速度”，这些内容怎么理解都很难懂。这些东西我们无法直接用眼睛看到，很难直观上去把握。

从历史上来看，积分比微分要更早出现。

积分法的起源是“测量图形的大小”。古时候图形长度、面积、体积的计算方法，通过口传心授得以流传，经过历代人的智慧的锤炼，进而发展成为现在的积分法。

探寻积分法诞生的历史，大致可以追溯到公元前 1800 年左右。公元前 200 年的阿基米德时代[1]，在计算抛物线和直线围成的图形面积问题上，已经出现了与现在积分法十分相似的“穷竭法”。积分的历史，还真是悠久。

到了 12 世纪，印度的婆什迦罗二世提出了积分法的“前身”方法。进入 17 世纪，牛顿综合了微分法和积分法，尝试从万有引力理论来推导天体的运动规律。

总之，从积分出现到微分诞生，至少有长达 1300 年的间隔。

积分之所以会较早出现，是因为人类需要把握那些可见的东西，例如计算物体的面积、体积等。

初等教育中的图形计算，通常只针对长方形、圆形等规规矩矩的图形。而现实情况中，这些知识往往难以直接去应用。

说起来，我们为什么要去计算积分呢？

积分法存在的意义，在于测量长度、面积和体积。说来惭愧，我们手中能够方便计算面积、体积的工具，可以说是非常贫乏。

这是因为，现实世界中存在的物质，并非都是学校中学习的那些规则的形状。相反，那些规则的形状可以说只是例外或理想化的情况。所以，对人类而言，测量现实情况中各种复杂图形大小的技术非常必要。

日本小学的家政课会讲授乌冬面、土豆块[2]等简易料理的烹饪方法。之所以特地在学校中讲授这些内容，是因为这些都是烹饪中的基础方法。实际上我们自己做菜时，多会在商店中购买成品的乌冬面，也基本不会频繁烹制土豆块。但是，如果掌握了这些基础烹饪方法的话，就能够烹制出更多复杂的菜品。例如，乌冬面的烹饪方法可以运用到面包、比萨或者意大利面中，从土豆块中学到的方法可以拓展到土豆沙拉或者油炸饼中。

如果把在小学初中学的长方形、圆形的知识比作乌冬面、土豆块，那么微积分就相当于面包、土豆沙拉等应用性料理。多亏有了积分法，人类才能够计算各种图形的面积和体积。使用积分，无论是多么奇怪的形状，只要下功夫就能够计算出结果，这真是巨大的进步。

将思考应用于实际，用自己的力量去推导面积、体积，这才是积分的乐趣，也是学习积分的真正意义。

所有图形都与长方形相通

积分的要领
以长方形为基础来思考。

图形的种类纷繁多样，其中面积计算最为简单的就是“长方形”了。

说到这里，大家是不是想起了小学时初学面积计算的情景？在图形面积计算中，三角形、平行四边形、梯形、圆形等图形都是放到长方形之后学习。长方形的面积仅用“长 × 宽”就可以计算，可以说是最简单、朴素的图形。顺便提一下，在数学世界中，正方形被看作是“一种特殊的长方形”。

图 1　长方形

掌握长方形面积的计算方法后，就可以将其应用到三角形的面积计算中。反过来说，如果不知道长方形面积的计算方法，也就无法计算三角形的面积。

这是因为，三角形的面积可以看作是“以三角形的一条底边为边长、该边上的高为另一边的长方形面积的一半”。根据图 2 可知，三角形的面积正好是对应长方形面积的一半，也就是说“三角形的面积 = 底 × 高 ÷2”。

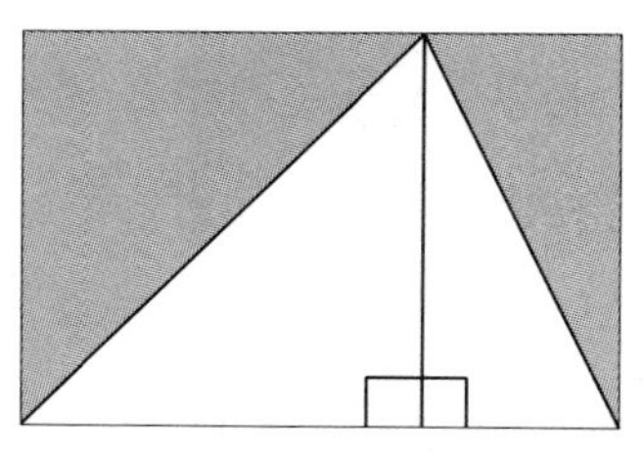

图 2　三角形的面积是对应长方形面积的一半

那平行四边形是什么情况呢？平行四边形可以看作是两个以平行四边形的边为底边的三角形的组合。

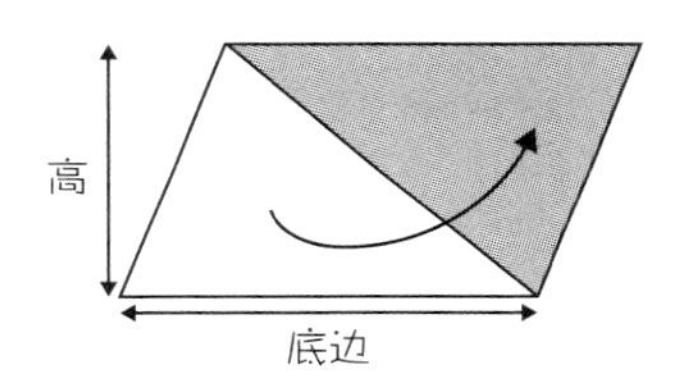

图 3　平行四边形的面积是对应三角形面积的 2 倍

梯形的情况又如何呢？梯形可以看作平行四边形的一半。如图 4 所示，两个相同的梯形并列组合形成了平行四边形。因此，梯形的面积也是以长方形为基础计算的，为“(上底 + 下底) × 高 ÷2”。

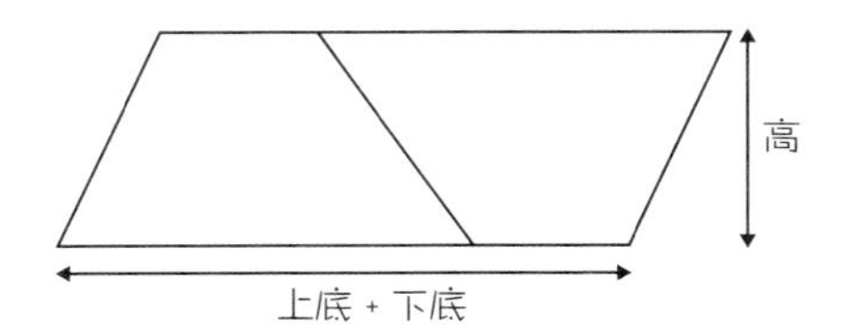

图 4　梯形的面积是平行四边形面积的一半

从三角形到平行四边形，再到梯形，虽然这三个图形看上去没什么直接关联，但它们的面积公式都是以长方形面积为基础推导出来的。

近似的方法

积分的要领

将图形看作小长方形的组合。

在小学算术课上，大家有没有做过下面这样的事情呢？如图 5 所示，用圆规在方格纸上画一个圆，然后数出圆中方格的个数。之后，再画几个大小不同的圆，并数出这些圆中方格的个数。

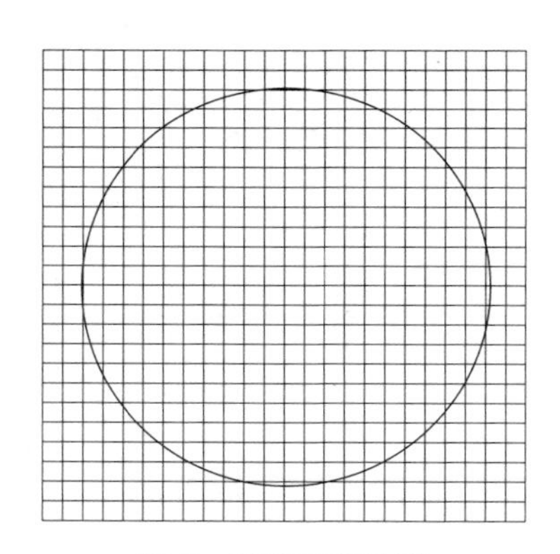

图 5　圆的面积计算

这项作业实际上与圆的面积公式相关。圆的面积公式是“半径 × 半径 ×3.14”，其中的 3.14 是圆周率的近似值，而“尝试数方格的个数”就是一种讲解圆周率推导的方法。

在这里，我们来重新回顾一下这种方法。

先来数一数图 6 中，半径为 2 cm 的圆中有多少个方格[3]（方格的边长为 1 mm）。虽然这种方法有些不精确，但是能让小学生更容易理解。

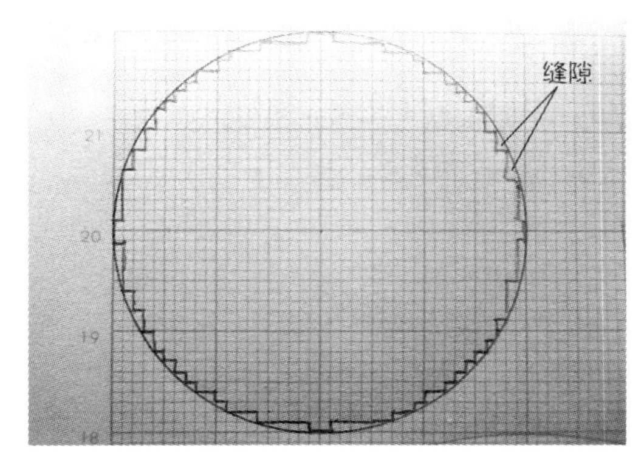

图 6　方格实验！虽然有点儿不精确

图 6 圆中的方格共有 1189 个，用面积表示的话为 11.89 cm^2。

圆的面积公式是“半径 × 半径 × 圆周率”。在方格实验中，我们的目的是求圆周率，所以可以把这个公式变形，得到“圆周率 = 面积 ÷（半径 × 半径）”。在图 6 的例子中，圆的半径为 2，所以用面积除以 2 的 2 次方 4，得出圆周率为 2.972 5。

与 3.14 相比，这个结果太小了。虽然有些遗憾，但实验就是这样的。即便如此，我们也会明白一件事情，即“圆周率，也就是π，粗略来说是接近 3 的数”。

再细分方格或者把圆变大的话，圆内方格面积的和，就会逐渐接近圆面积公式“半径 × 半径 ×3.14”，也就是说，圆周率

$$\frac{1\text{个方格的面积}\times\text{方格数量}}{\text{半径}^2}$$

会逐渐接近 3.14。像这样，把圆的面积替换成方格的数量，逐渐求得接近待求值的方法叫作“近似”。我在小学时也做过这个实验，数十年后的今天，我仍然清晰记得努力数完方格得出答案后，内心中洋溢的满足感。

顺便说一下，或许有人会产生以下疑问。

在这种方法中，无论如何，圆内部都存在方格无法填充的缝隙，这种情况应该如何处理？

可以将方格不断分割来填充缝隙，直到能让人不在意这些缝隙。

博士的回答是老师的常用手段，但是稍微有些糊弄的成分。因为这种回答还会遗留下面的疑问。

“不在意这些缝隙”具体是什么意思？事实上，不管是在意还是不在意，缝隙总是会存在的，不是吗？

这个疑问看上去似乎很无聊，但在高等数学中却是一个很有意思的问题。从结论上来讲，为了解决上述疑问，我们有必要使用“夹逼定理”（两边夹定理），从圆的内部和外部都取近似来研究图形。即先计算出“圆内部的方格数”对应的圆周率，然后再用同样的方法，计算出“包含圆边界的方格数”（内部方格数加包含圆边界的方格数）对应的圆周率。这样一来，我们可以得到下面的结论：

圆内部方格数对应的圆周率 ＜ 圆实际的圆周率 ＜ 包含圆边界的方格数对应的圆周率

如果将方格不断替换为更小的方格，“圆内部方格数对应的圆周率”和“包含圆边界的方格数对应的圆周率”，二者的数值会慢慢接近，都接近圆实际的圆周率，这就是“夹逼定理”。

如果对“夹逼定理”感兴趣，可以再读一读《微积分强化读本》（柴田敏男著 / 讲谈社）等书，可以从中获得一些专业知识。

本书中此话题暂且到此为止。在微积分中，不拘小节的精神同样重要。

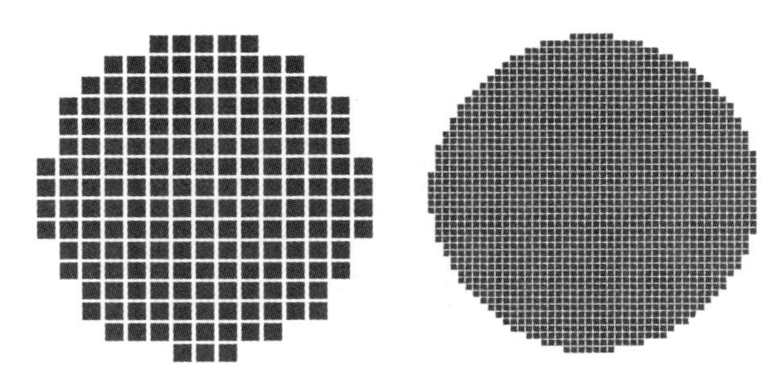

图 7　更小的方格组合与圆近似

图 7 是小方格组成的与圆近似的图形。左边是大方格，右边是小方格。通过这两个图大概可以明白“把粗糙的图形精细化，就会接近实际图形（圆）”。精度非常高的锯齿状图形，实际上很难在视觉上与平滑图形区分出来。

电视、电脑的液晶显示器，都是使用这个原理来显示画面的。液晶显示器显示的画面实际上是锯齿状的。但是显示器中锯齿的精细度非常高，所以我们眼中看到的就是平滑的线了。

我们也可以这样说，圆形实际上是由无数精细小方格组成的锯齿状图形，即圆形是锯齿状图形的“极限”。像这样，“近似”在数学中是极其好用的方法。

如果执着于完美再现平滑的线，那么就不会出现液晶显示器吧。多亏了非完美主义的近似方法，才诞生了划时代的技术。

和变为了积分

计算圆的面积时，小学中采用的方法是用“正方形”来划分圆的内部空间。这样做的原因实际上很简单，就是因为方格纸的方格是正方形。

求圆的面积，要领是精细地划分圆。也就是说，划分的形状应该不限于正方形。因此，我们可以把圆分成“细长的短条”来求面积。比如图 8，我们尝试把圆分成细长的短条，也就是长方形的组合。

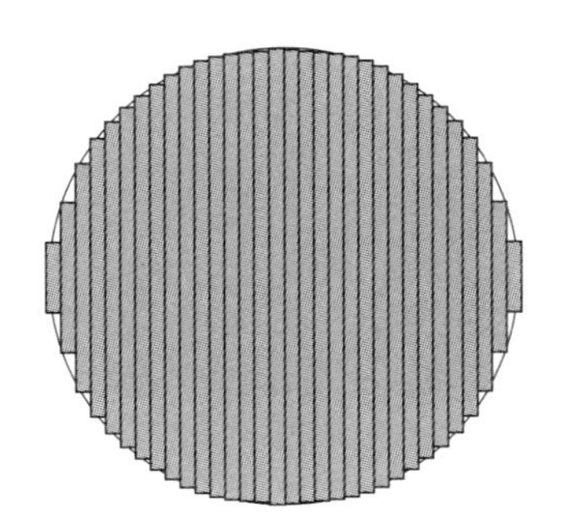

图 8　用长方形划分圆

从刚才就一直在讲计算面积，这真的和微积分有关吗？连积分的符号都没出现过。

难道我没说“计算面积本身就是积分”吗？不先搞清楚积分存在的意义，即使背诵积分符号也毫无意义。

虽说如此，但既然说到了符号，从现在开始我们就尝试使用积分符号吧。公式也会从此处开始出现，不过内容和刚才的讲解是完全一致的，所以请轻松地读下去。和业界人士使用行业术语讲话一样，使用数学符号讲解数学，相同的内容在表达上也会看起来非常优雅。

在图 9 中，我们把圆裁切成非常窄的短条。水平方向为 x 轴。这时，圆的裁切方向和 x 轴正好是垂直关系。

在此基础之上，我们选取一条宽度为 Δx 的短条。Δ 是希腊字母，读作“德尔塔”（Delta），多用作“差”（difference）的符号，表示非常小的数值。

现在，我们用公式来表示这条短条的面积。

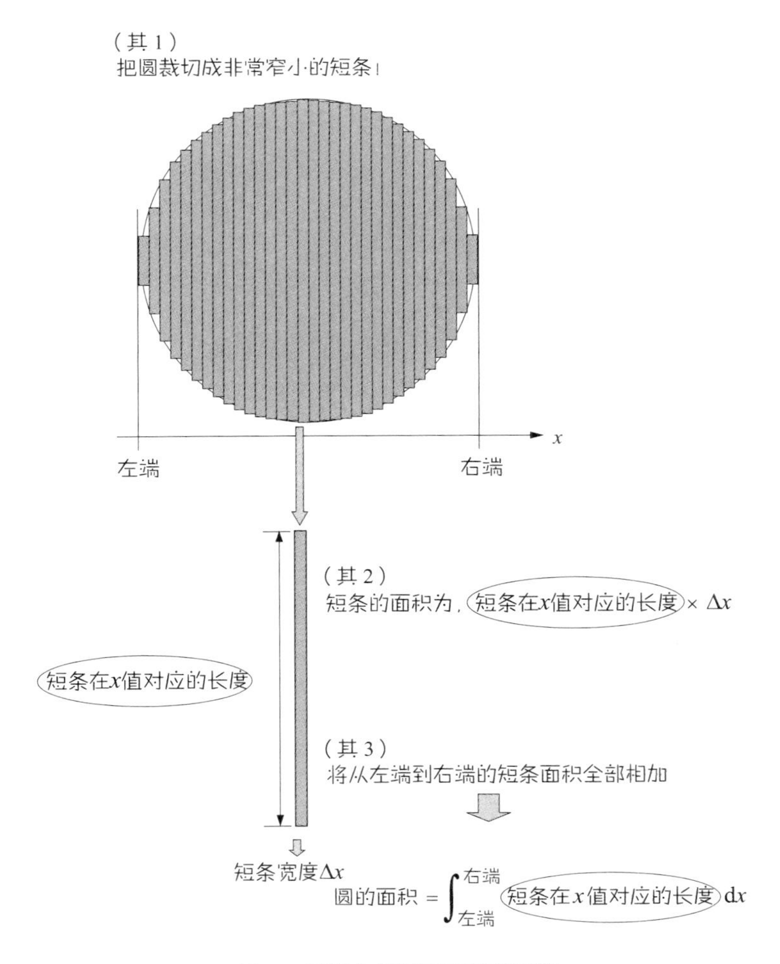

图 9　用积分符号表示圆的面积

$$\text{短条的面积} = \text{短条在}x\text{值对应的长度} \times \Delta x$$

若问为什么要算出短条面积，这是因为我们要从这里开始计算圆的面积。把这些细长短条的面积相加，就是圆的面积。具体来说，把从左端到右端的短条全部相加就可以了。

在这里，我们逐渐缩小短条的宽度，缩小到再也不能缩小的程度。这样一来，短条与其说是长方形，倒不如说看起来更像“一条线”。无数根“线”相加，其结果逐渐接近“圆的面积”。用积分符号来表示的话，可以写成以下形式。

$$\int_{\text{左端}}^{\text{右端}} \text{短条在}x\text{值对应的长度}\mathrm{d}x$$

公式中那个像把字母 S 纵向拉长的符号音同 integral（积分）。积分原本就是“和”的意思，因此积分符号也是取自拉丁语中“和”的单词 Summa 的首字母 S。这是一位叫作莱布尼茨的数学家（兼哲学家）提出的。

咦？刚才的 Δx 符号，不知不觉中就变成了 $\mathrm{d}x$。这两种符号的意思有什么区别吗？

是的。这里先简单说一下，可以说 dx 表示的是“宽度 Δx 趋向于 0”。

在此简单补充一点儿德尔塔（Δ）和d的内容。

Δ和d，这两个符号都源于“差”（difference）。二者的不同之处在于，Δ是“近似值”，而英文小写字母d是“精确值”。

“精确值”是什么意思呢？例如圆周率π，3.14是其近似值，无限不循环的3.141 592 653 589 793 238 462 643 383 279…就是其“精确值”。近似值在某种情况下必定是不正确的，而精确值在任何情况下都是正确的。

所以，我们可以这样理解 dx：“将原本用短条宽度 Δx 计算的数值，看作趋向于0的‘精确值’。”

总结一下，德尔塔（Δ）和英文小写字母d分别在以下情况中使用。

德尔塔（Δ）——当存在宽度（宽度大于0）之时。
英文小写字母d——当宽度趋向于0，计算极限数值时。

另外，虽然微积分中会出现各种各样的公式、符号，不过初学者最开始不太理解这些东西也没有关系，对Δ和d也同样如此。

何为“接近精确值”

短条的宽度Δx趋向于0、接近精确值，这究竟是怎样一种情况，我想亲眼确认一下呢。

这是一个合理的要求。我们来尝试一下。

我们将短条的宽度不断缩小，然后尝试计算圆的面积。为了便于之后的计算，假设圆的半径为 1 cm（图 10）。如果在这个圆的内部排列短条并计算其总面积，结果会怎么样呢？

在这里，设短条的条数为N。用直径 2（半径为 1，直径是半径的 2 倍，所以直径为 2）除以短条的条数（N），就能够得出每一条短条的宽度Δx。也就是说，Δx是$\frac{2}{N}$。

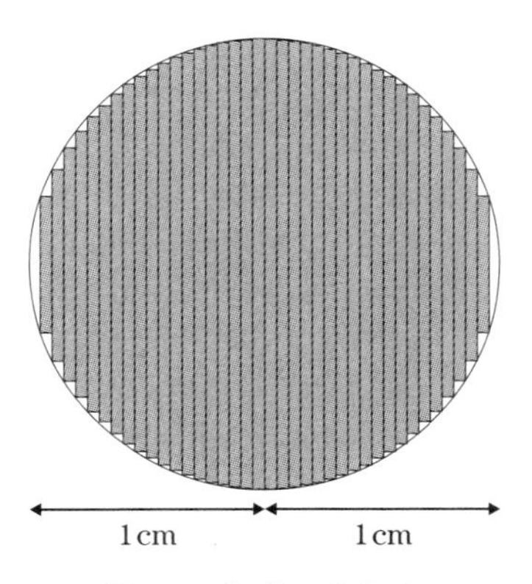

图 10　分成 N 条短条

宽度为 Δx 的短条的面积总和，在短条条数（N）增加时会如何变化呢？我们来实际确认一下。逐一计算不同条数下所有短条的总面积很麻烦，不过使用计算机的话可以一下子解决，结果如表 1 所示。

表 1　短条条数（N）和所有短条总面积

N	所有短条的总面积
10	2.637 049
20	2.904 518
40	3.028 465
200	3.120 417
2 000	3.139 555
20 000	3.141 391

在表 1 中，我们计算了短条数从 10 条到 20 000 条时的短条总面积。条数（N）为 20 000 时，每条短条的宽度 Δx 是半径的 1/10 000，只有 0.000 1 cm。

我们从表 1 的结果中可以发现，条数为 10 时，总面积是 2.637 049，这个数值和 3.14…迥然不同；当条数为 20 000 时，总面积则成了 3.141 391。怎么样？是不是可以切实感受到，当短条的条数增加时，短条的总面积会逐渐接近 3.141 592 6…＝π。

另外，虽然短条宽度为 0.000 1 cm 已经是纤细至极，但在分割图形时并不算是“精细”的尺度。实际计算积分时，会使用比 0.000 1 cm 更精细、更接近 0 的尺度。

两个思想实验

椭圆的面积

在积分中，一味地分割图形并相加，这种方法到底有何独到之处？

使用这种方法的优势在于，“不管图形多么复杂，其面积都可以转化为简单图形的面积之和”。

圆的“伙伴图形”中，存在一种名为椭圆的图形。如图 11 所示，椭圆看上去是把圆向一个方向拉长或收缩的图形。

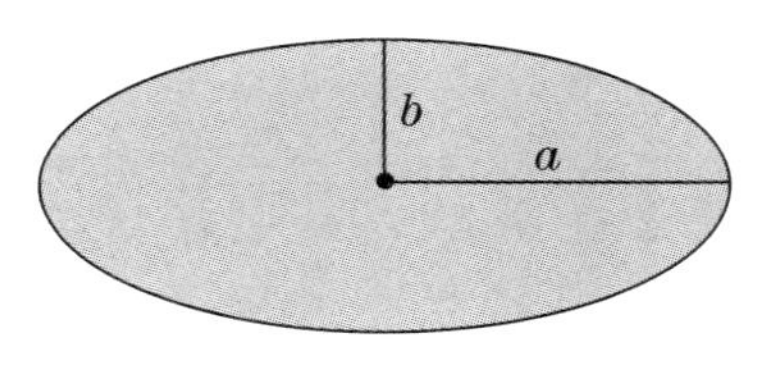

图 11　椭圆

图 11 中是把圆横向拉长了，当然，也可以把圆纵向拉长。

日常生活中，与椭圆相似的图形并不少见，比如盘子、桌子、绣球花的叶子等（图 12）。

图 12　椭圆形的物品

那么，椭圆的面积应该如何计算呢？椭圆的情况和圆不同，将其套入长方形中，使用近似的方法计算会产生很大的误差（图 13）。

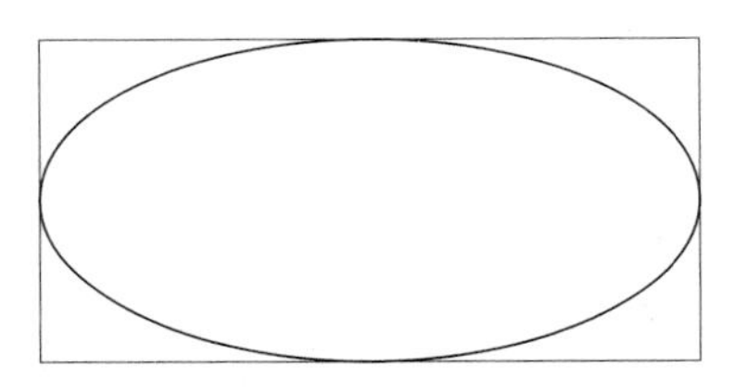

图 13　用一个长方形近似太过勉强

套用平行四边形也不行，估计三角形也行不通。

我们需要一个椭圆面积的计算公式。现在已经有了长方形、三角形、平行四边形、梯形、圆形的面积计算公式，如果再加上椭圆面积公式的话，那么我们身边绝大多数图形的面积就都可以计算出来了。

实际上，推导椭圆面积的计算方法并不需要什么特别的知识，和推导圆形面积计算方法时相同，关键是“积分”式的思考方法。

日本的小学、初中阶段并没有讲授椭圆面积的相关知识，其实椭圆的面积计算非常适合作为积分的训练内容。那么，椭圆面积的计算公式究竟是什么呢？我们先来试着做一个思想实验。

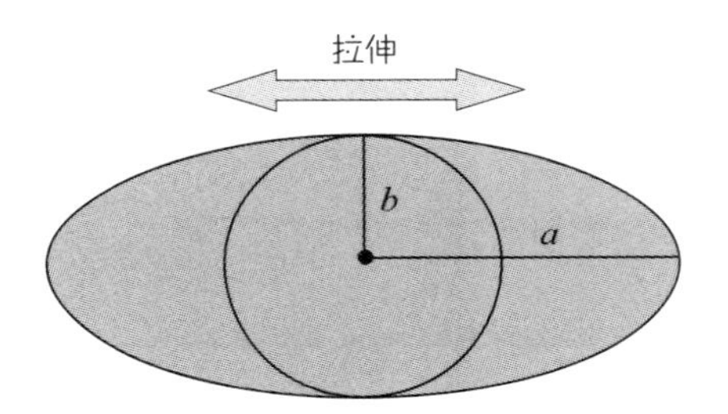

图 14　把圆横向拉伸形成椭圆

图 14 是将圆横向拉伸形成的椭圆。我们先来尝试用“竖直的长方形”来分割这个椭圆。但是，直接用竖直长方形分割椭圆的话，会不太好理解。所以我们先用长方形来分割圆形，然后再将这个圆形横向拉伸成椭圆。将圆横向拉伸的话，用于分割圆的长方形也会被横向拉伸。

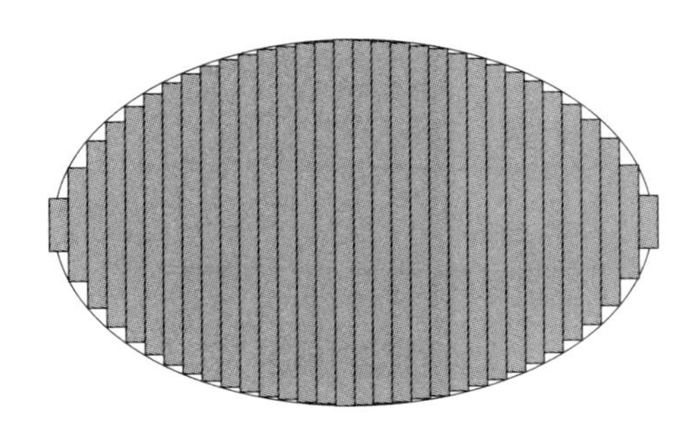

图 15　把圆横向拉伸成椭圆

把圆形横向拉伸时，圆中的长方形就会像手风琴被拉开时一样，全都被横向拉伸（图 15）。长方形会被扩大到原来的多少倍呢？我们选取其中一个长方形来具体看一看。

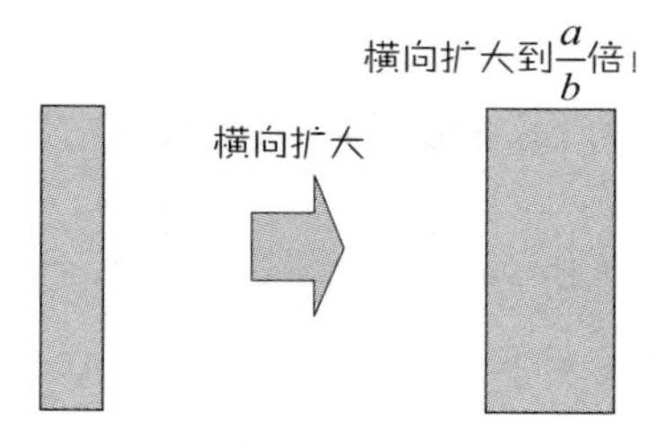

图 16　被拉伸的长方形横向扩大

如图 16 所示，长方形纵向长度不变，仅是横向宽度扩大到了 $\frac{a}{b}$ 倍。

这样一来，想象出长方形被横向拉伸的情况，我们就可以开始着手计算了。也就是说，问题变成了计算“椭圆面积是圆面积的几倍”。

如果只看一个分割椭圆的长方形，那么分割椭圆的长方形应该是分割圆的长方形面积的$\frac{a}{b}$倍。也就是说，随着圆被拉伸成椭圆，分割圆的每个长方形的面积都扩大到了 $\frac{a}{b}$ 倍。

也就是说，将所有被扩大到$\frac{a}{b}$倍的长方形的面积相加，就可以

得出椭圆的面积，所以，

$$椭圆的面积 = 初始圆的面积（\pi b^2）\times \frac{a}{b} = \pi ab$$

反过来思考，我们也能发现，当 a 和 b 长度相等时，椭圆的面积公式就是圆的面积公式。

积分的要领

把图形分解成长方形，然后进行伸缩变换。

地球的体积

你知道地球的体积是多少吗？

知道地球半径，用球的体积公式计算一下吗？

但是，地球的形状并不是“球”，还真是有点儿辜负“地球”这个名字。

地球的半径有一个特殊称呼。从地球中心到赤道的距离称为“长半径”（赤道半径），从中心到北极（南极）的距离称为“短半径”（极半径）。正如其名，两种半径的长度并不相同。根据具体的测量与计算可知，长半径约为 6378 km，短半径约为 6357 km，两种半径的长度差超过 20 km。

图 17　地球不是球吗！？

地球每天自转一周，而且自转的速度相当快，赤道附近的速度可达 1700 km/h，是音速的 1.38 倍。

大家可以想象一下地球这种快速旋转的姿态，在这种情况下，由于离心力的作用，地球被横向拉伸也是理所当然的。

像这种因为旋转而变形的形状，我们称之为“旋转椭圆体”。地球就是此类情况——从正上方（正下方）看会呈现为圆形，但从横向看则是椭圆。为了便于理解，大家可以看一下图 18 的示意图，虽然画得有些夸张。

该如何求旋转椭圆体的体积呢？在这里，“分割图形”的作战策略又派上用场了。

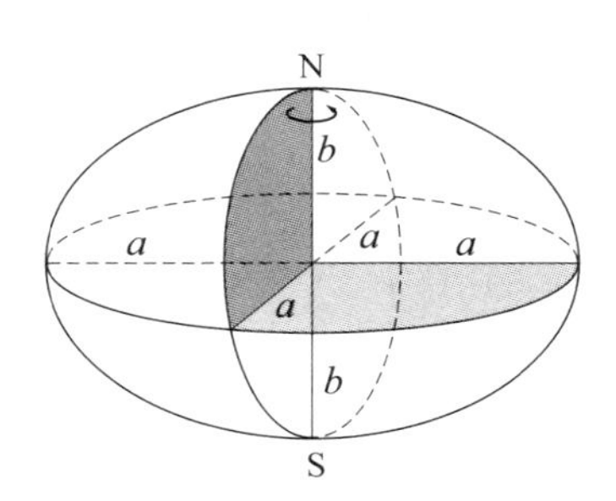

图 18　旋转椭圆体

如图 19 所示，想象一下用鸡蛋切割器切水煮蛋的情景。我们这次是要将旋转椭圆体横向精细切割，虽然切的方向不同，但要点是一样的。

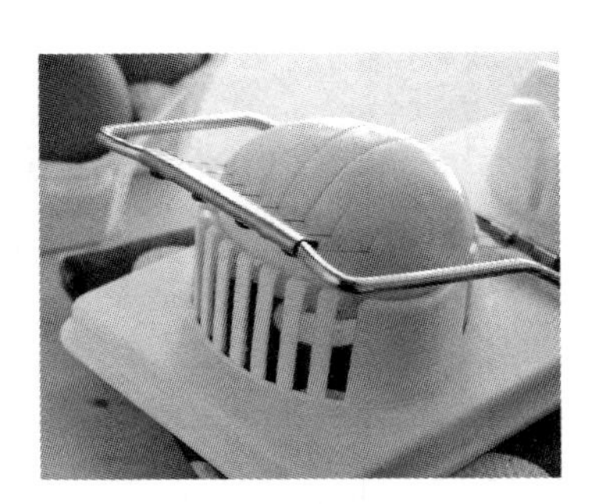

图 19　鸡蛋切割器

将旋转椭圆体横向切片后，旋转椭圆体就变成了重叠的圆板（图 20）。

旋转椭圆体的体积，似乎可以转化为“堆叠的圆板”来计算。因此，将圆板堆叠的方向定为x轴，也就是垂直方向。圆板的切口则与x轴为垂直关系。这与用积分符号表示圆形面积的情况相同。

在x轴上，我们试着切出宽度为Δx的圆板。这样一来，这个圆板的体积就可以用下面的式子表示：

$$\text{圆板的体积} = x\text{值所对应的圆板截面积} \times \Delta x$$

这样的话，把从最下方到最上方的所有圆板体积相加，其总和就是旋转椭圆体的体积。

这个旋转椭圆体的体积也可以使用积分符号来表示。

（其 1）
把旋转椭圆体截成非常薄的圆板！

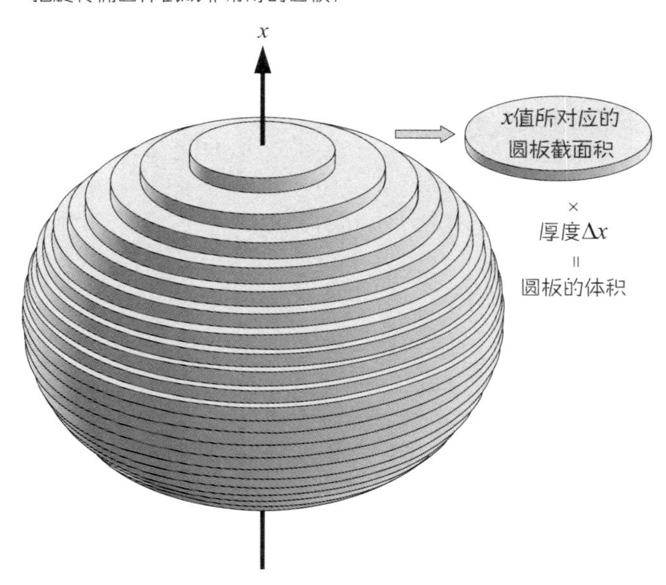

（其 2）
圆板的体积是：

$$\boxed{x\text{值所对应的圆板截面积}} \times \Delta x$$

（其 3）
从下到上将圆板的体积相加！

$$\int_{\text{最下方}}^{\text{最上方}} \boxed{x\text{值所对应的圆板截面积}}\, dx$$

图 20　用积分符号表示旋转椭圆体的体积

如果不断使 Δx 变小，圆板体积的和就会渐渐接近“旋转椭圆体的实际体积”。用公式表示上述内容的话，旋转椭圆体的体积为：

$$\int_{\text{最下方}}^{\text{最上方}} \left(x\text{值所对应的圆板截面积} \right) \mathrm{d}x$$

这和计算圆面积时的公式非常相似。

现在大家大概了解积分符号的使用方法了吧。

积分符号已经懂了，现在差不多该回到正题上来了。

啊，差点儿忘了，我们正在讨论“计算地球体积”的问题。

现在，回到地球体积的话题上来。

如前面的图 18 所示，我们设旋转椭圆体的长半径为 a，短半径为 b。这样一来，旋转椭圆体就可以视为“将半径为 a 的球体纵向压缩$\frac{b}{a}$倍的图形”。如果把球体看作“薄硬币堆叠而成的集合体”，那么旋转椭圆体则是“把（分割球体的）薄硬币的高度分别压缩$\frac{b}{a}$倍的图形”。

也就是说，旋转椭圆体的体积变成了半径为 a 的球的体积的$\frac{b}{a}$倍。因为半径为 a 的球的体积是$\frac{4}{3}\pi a^3$，所以旋转椭圆体的体积是$\frac{4}{3}\pi a^3$的$\frac{b}{a}$倍。总结一下，公式如下所示。

旋转椭圆体的体积

$$=\int_{\text{最下方}}^{\text{最上方}} \boxed{x\text{ 值所对应的圆板截面积}}\, \mathrm{d}x$$

$$=\left(\frac{4}{3}\pi a^3\right)\times\frac{b}{a}=\frac{4}{3}\pi a^2 b$$

在这里，即使不知道具体的计算方法也没有关系，只要能明白算式的意思就行了。

把地球的长半径 $a=6378$ km、短半径 $b=6357$ km 代入上面的公式。取π为 3.14，则地球的体积大约为 1.08×10^{12} km^3。这和边长为 10 000 km 的立方体的体积大致相等。

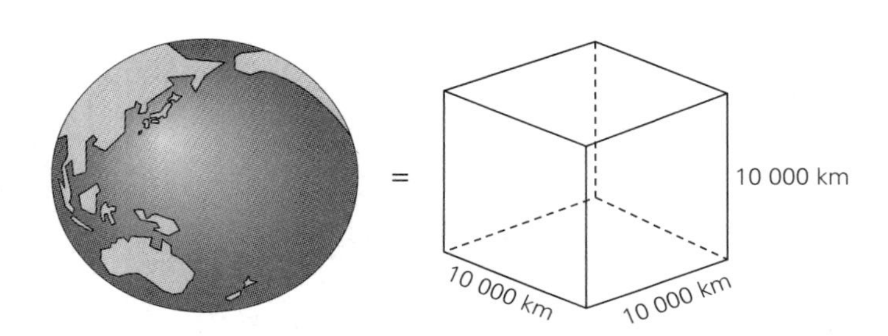

图 21　地球和边长为 10 000 km 的立方体的体积大致相等

虽然计算了很多东西，但是最后得出来一个简洁的数值，还是很有趣的。

切口的秘密

卡瓦列利原理

下面的思考方法，正是积分法的起源。

积分的要领
将平面、立体图形看作图形被“切薄”后的组合。

17 世纪意大利数学家卡瓦列利从上述思路出发，发现了一项伟大成果。

图 22 中，完全相同的一组卡片被以不同的方式放置，分别是“以长方体形状放置”（左）和“错开每张卡片放置”（右）。如果将卡片整体看作一个立体图形，那么左右两种放置方式形成的形状完全不同。这两种形状，哪一个体积更大呢？

图 22　将同一组卡片用两种不同方法放置

答案当然是：两种形状“体积相同”。因为是同一组卡片，体积相同是理所当然的吧。实际上，这正是现代求积法（求体积技术）的开端。

卡瓦列利发现“截面面积总是相等的两个立体图形，其体积也相等”，这被称为“卡瓦列利原理”[4]。

举例来说，如果两位女士的腰围相等，那两个人的体积也相同吗?

当然不是。不仅仅是腰围，截面面积必须“总是”相等才行。也就是说，如果两位女士身体所有位置上的截面面积都相等，那么她们的体积就是一样的。

卡瓦列利原理可以如下解释。

两个立体图形，如果在任意一个位置上的截面面积都相等，那么“无论立体图形的形状如何”，其体积都相等。

立体图形的体积如此，那平面图形的面积如何呢?

我们来看图 23。和之前一样，我们用细长短条分割边长为 1 的正方形，然后将短条的组合沿$y = x^2$的抛物线挪动。如图所示，如果将短条的宽度无限变窄，正方形就会沿抛物线变成柔软易变形的魔芋状弯曲图形。

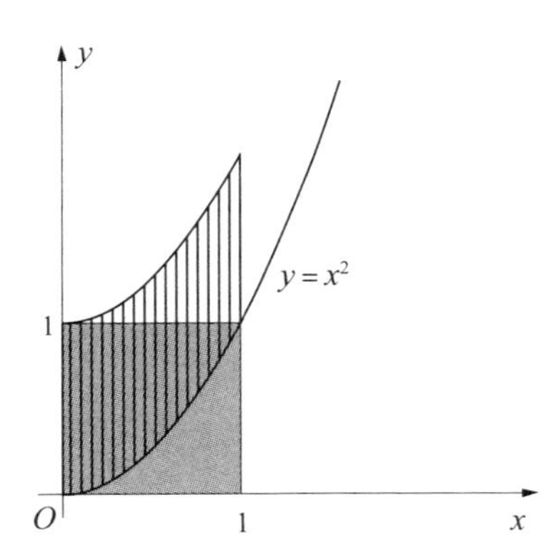

图 23　沿着抛物线挪动正方形

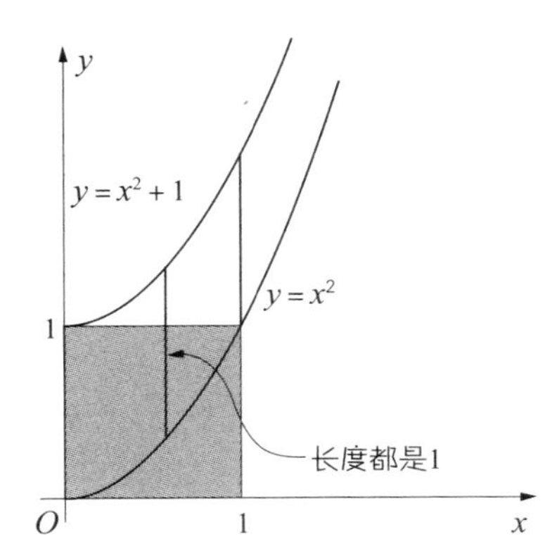

图 24　使用公式表示挪动的正方形

如果将这个魔芋状的弯曲图形用公式表示，则可以表示为 $y=x^2$ 和 $y=x^2+1$ 围成的图形（图 24）。那么怎样求出由两条抛物线围成的图形的面积呢？

这里，我们要再次考虑裁切魔芋图形的短条切口长度。

短条仅是沿抛物线滑动，所以长度不会改变。因此，平行于 y 轴来裁切的魔芋图形，其短条的切口长度不管在任何地方都是 1。魔芋图形的面积等于所有细长短条的面积之和，所以魔芋图形的面积也就与原来正方形的面积相同，都是 1。

现在我们知道了卡瓦列利原理也完全适用于平面图形。如果两个平面图形，它们的切口长度“总是”相等，那么这两个平面图形的面积就相等。这真是令人震惊的发现。

我觉得魔芋图形切口的长度，看上去不完全相等。

这是视觉上的错觉。测量一下就会明白。

三分之一的原理

> **积分的要领**
> 灵活使用卡瓦列利原理。

日本的高中教科书中可能没有出现卡瓦列利原理，但是卡瓦列利原理的思考方法是积分法的基础。其证据是它被应用于各种各样的例子中，我们来看其中一个例子。

大家在学校曾经背诵过下面这个公式吧。

$$圆锥的体积 = 底面积 \times 高 \times \frac{1}{3}$$

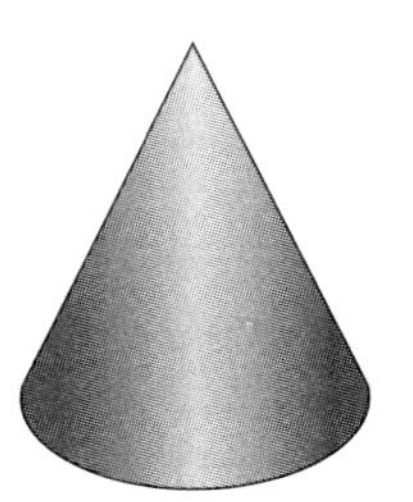

图 25　圆锥

说起来，圆锥体积公式中的“$\frac{1}{3}$”这个数是从哪里来的？

这是一个很好的着眼点。在了解卡瓦列利原理后，现在我们已经能够解开这个“$\frac{1}{3}$”的谜底了。

为了弄清楚“$\frac{1}{3}$”是怎么回事，我们先不使用公式来计算圆锥的体积。当然，不使用公式计算圆锥的体积是需要花费心思的。在这里，“分割图形”的策略再次登场了。

首先我们从四棱锥开始考虑。

为什么不是圆锥，而是四棱锥呢？

这是为了方便思考。前面不是也说过“所有的图形都和长方形相通”嘛。

从四棱锥开始，是因为四棱锥的底是长方形，比底是圆形的圆锥更容易分割成“薄片”。也就是说，选取四棱锥是为了便于从积分的角度思考问题。在考虑积分时，将图形转化为长方形是非常重要的一点。

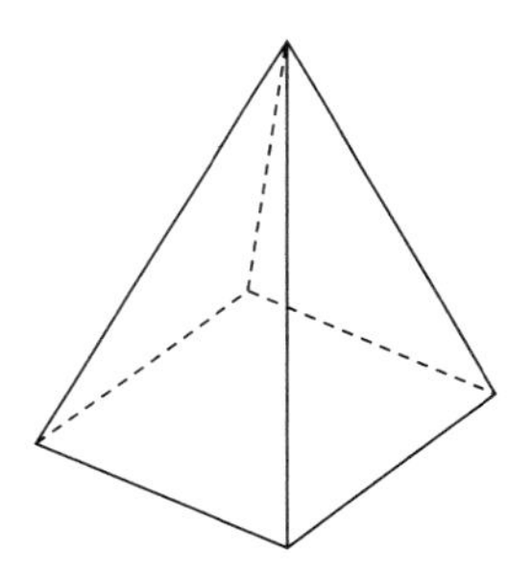

图 26　普通的四棱锥

但是，为了让思考再简单一些，这里我们简化一下四棱锥。

假定四棱锥的底面是正方形，高和底面边长相等，如图 27 中左侧的图形。

图 27 右侧的图中，立方体被分割成了 3 个四棱锥，而且 3 个四棱锥的形状完全相同。可能乍一看形状会不同，但那其实是角度原因带来的错觉。

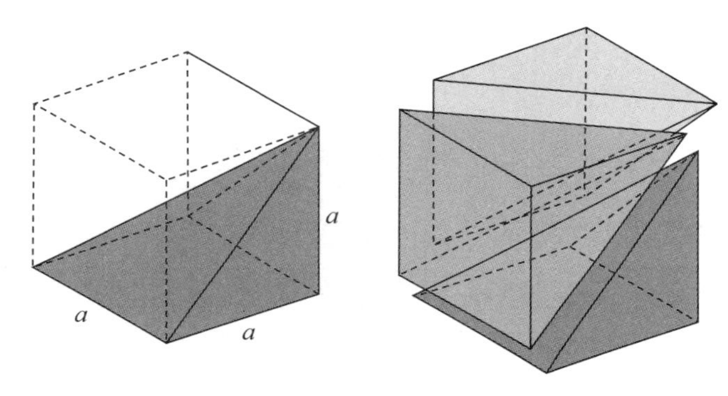

图 27　把立方体分成 3 个四棱锥

既然四棱锥的形状相同，那么每个四棱锥的体积应该都是立方体的$\frac{1}{3}$。即一个四棱锥的体积是a^3的$\frac{1}{3}$（即$\frac{1}{3}a^3$）。

原来如此。但是，只有立方体这样的图形才能分割为单纯理想的图形来计算，不是吗？

有道理。如果改变立方体的高，或者将底面变成长方形时情况会怎么样呢？我们来试一试。

首先，我们来验证“改变立方体的高的情况”。如图 28 所示，我们将立方体的纵向长度（高度）拉长，分割出来的四棱锥体积也会是原来的图形的$\frac{1}{3}$吗？

把立方体的高度从 a 拉长为 b，立方体变成长方体。这样一来，长方体的体积是立方体体积的$\frac{b}{a}$倍，即$a^3 \times \frac{b}{a} = a^2 b$。

与此同时，四棱锥的体积如何变化呢？我们来看一下。

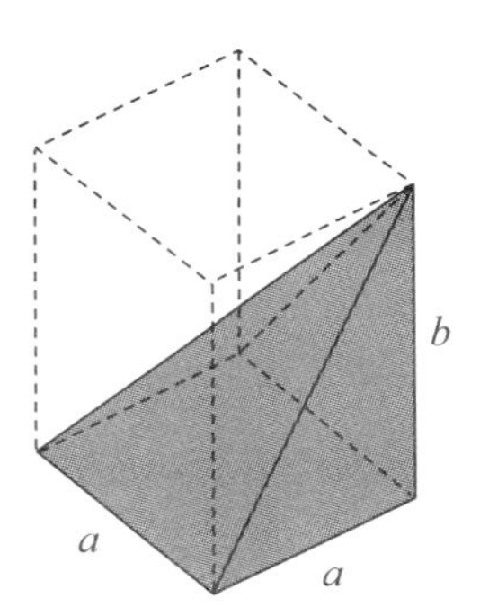

图 28　将正方体纵向拉长

为了确认四棱锥体积的变化，我们将原来的四棱锥（图 27 中的四棱锥）沿水平方向切割，切割出很多薄薄的长方体（图 29）。这样一来，当原四棱锥变成纵向拉长的四棱锥时，分割成片的薄长方体的高也被分别拉长为$\frac{b}{a}$倍。

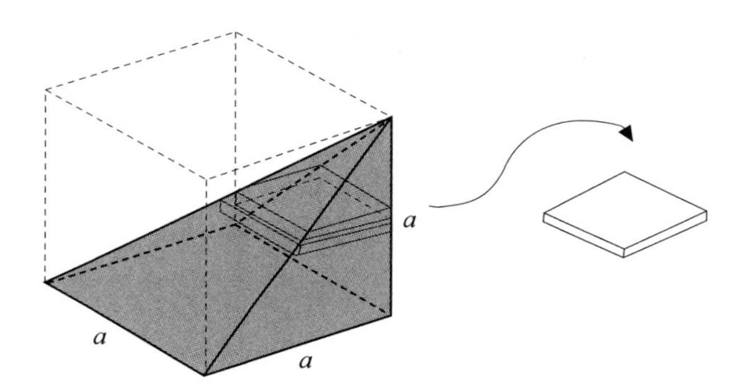

图 29　把四棱锥看作重叠的薄长方体

分割出的薄长方体重叠后组成的图形，正是被拉长后的四棱锥，所以拉长后的四棱锥体积也应是原来四棱锥的$\frac{b}{a}$倍，即

$$\frac{1}{3}a^3\times\frac{b}{a}=\frac{1}{3}a^2b$$

新的长方体体积（a^2b）和新的四棱锥体积$\left(\frac{1}{3}a^2b\right)$，分别是原来的$\frac{b}{a}$倍。果然，四棱锥的体积还是长方体体积的$\frac{1}{3}$。

其次，我们来考察“四棱锥底面变为长方形的情况”。如图 30 所示，把纵向拉长的图 28 中的四棱锥横向拉长，这时新四棱锥的体积也是新长方体体积的$\frac{1}{3}$了吗？

和刚才一样，将四棱锥水平切割成很多薄长方体。这些长方体的横向长度为原来的$\frac{c}{a}$倍。所以，新四棱锥的体积也是原来的$\frac{c}{a}$

倍，即新四棱锥的体积为

$$\frac{1}{3}a^2b\times\frac{c}{a}=\frac{1}{3}abc$$

新长方体的体积也是原来的$\frac{c}{a}$倍，即 $a^2b\times\frac{c}{a}=abc$。

新四棱锥和新长方体的体积都是原来的$\frac{c}{a}$倍，所以四棱锥的体积依然是长方体体积的$\frac{1}{3}$。

因此，在图 30 中横向拉长长方体的情况下，四棱锥的体积是

$$四棱锥的体积=\frac{1}{3}\times长方体的体积$$

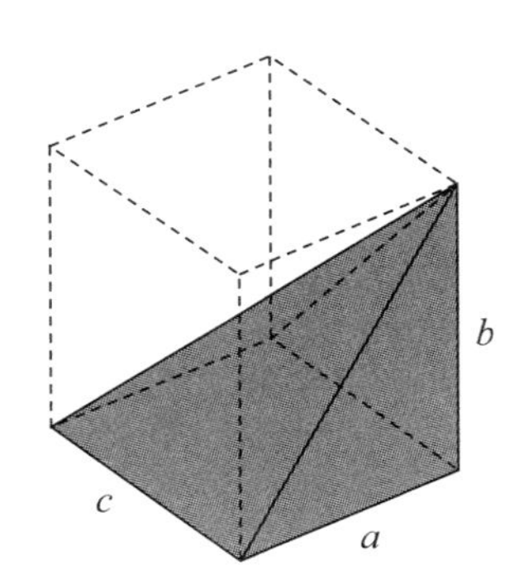

图 30　将图 28 的图形横向拉长

这里我们列举出了横向拉长四棱锥的例子，对于横向缩小四棱锥的情况，其实也可以用同样的思路去思考。

一般的四棱锥大多数像图 26 那样，顶点的位置在正中央。这种情况下四棱锥的体积也是长方体体积的$\frac{1}{3}$吗?

当然。在这里终于要使用卡瓦列利原理了。

第三个例子，我们来考察“水平挪动四棱锥顶点的情况”。

与图 22 中的卡牌、图 23 中的魔芋状图形的例子一样，四棱锥也可以看作“由很多薄片组合成的图形”。

这样的话，即便是水平挪动四棱锥的顶点，其截面的形状也和原四棱锥是一样的。

卡瓦列利原理是“截面面积总是相等的两个立体图形，其体积也相等”。因此，即便水平挪动四棱锥顶点，移动后图形的截面积也与原来是相等的，所以体积应该也相等。从这里我们能得出四棱锥体积的公式：

$$四棱锥体积=\frac{1}{3}\times底面积\times高$$

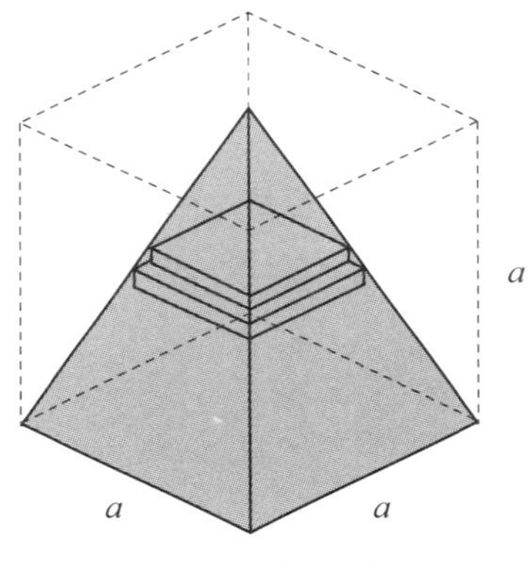

图 31　挪动四棱锥顶点

圆锥的体积

说起来，我们原来的目标是计算圆锥的体积吧?

没错，现在我们就综合运用之前的方法来计算圆锥的体积。

计算圆锥的体积，使用的也是“分割”策略。但是，从何处分割、怎么分割才是关键，这也是彰显挑战者思维的地方。我们先来扩展一下第 12 页图 7 的思路。

如图 32 所示，我们可以在圆锥底面上分割出小四边形。依照这种方法，圆锥就可以看作是许多四棱锥聚集组合而成的图形。

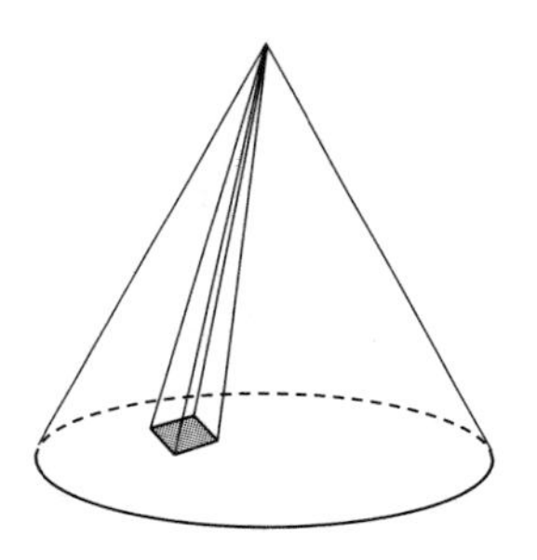

图 32　把圆锥分割成小四棱锥（用四边形分割底面）

和刚才验证的结果一样，四棱锥的体积为

$$\frac{1}{3}\times 底面积 \times 高$$

因此，设小四棱锥的底面积为 ΔS，那么小四棱锥的体积为

$$\frac{1}{3}\times \Delta S\times 高$$

圆锥的体积等于所有这些极小四棱锥的体积和，所以，

$$圆锥的体积 =\frac{1}{3}\times 底面积 \times 高$$

这就是圆锥的体积公式，和四棱锥的体积公式完全相同。

一旦掌握了思考的方式，其实就没必要去刻意背诵公式，公式会从直觉上涌现出来。

当棱锥的底面变为椭圆或者其他多边形时，也可以这样计算其体积吗?

当然，思路是完全相同的。

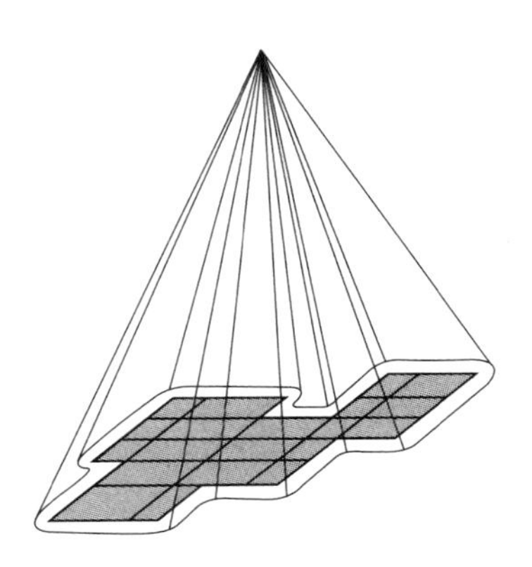

图 33　从内侧近似

如图 33 所示，即使底面是形状不规则的图形，只要将底面近似为四边形就可以了。不限于四棱锥或者圆锥，锥体的体积公式都是

$$\frac{1}{3}\times 底面积 \times 高$$

怎么样，分割策略的应用范围很广泛吧。

球的体积

即使挪动了顶点，锥体的体积也相同。理解卡瓦列利原理后，现在想来还真是这么回事。

卡瓦列利原理可不仅仅是这么简单的东西，下面我们来看更厉害的例子。

我来介绍一个不使用公式就能够计算球体积的绝妙方法。

如图 34 所示，左边的立体图形是“半径为 R 的半球”，右边的立体图形是“从圆柱（底面的半径为 R、高也为 R）中去除圆锥后所形成的钵体形状（钵体）”。

两个立体图形的高都是 R，这时，哪个图形的体积大？

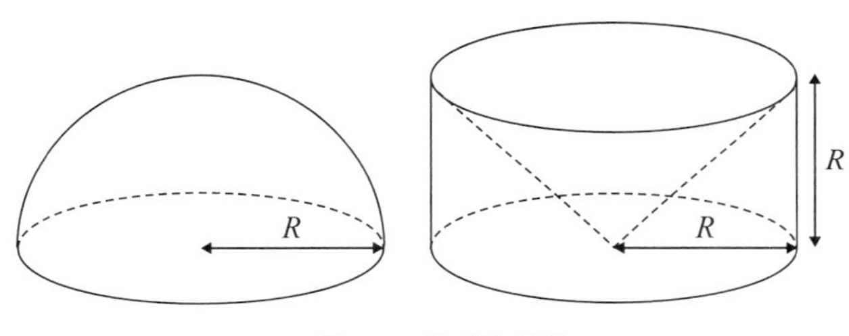

图 34　半球和钵体

根据卡瓦列利原理可知，即使立体图形的形状不同，但“如果所有截面的面积总是相等，那么两个立体图形的体积也相等”。也就是说，只要知道截面的面积，问题就迎刃而解。

为了计算截面面积，我们先把两个立体图形切割成高为 h 的立体图形。当半球（左）以一定高度被切割时，就会形成圆形截面。另一方面，钵体（右）的截面则像 5 日元的硬币，中间存在一个圆形的孔。

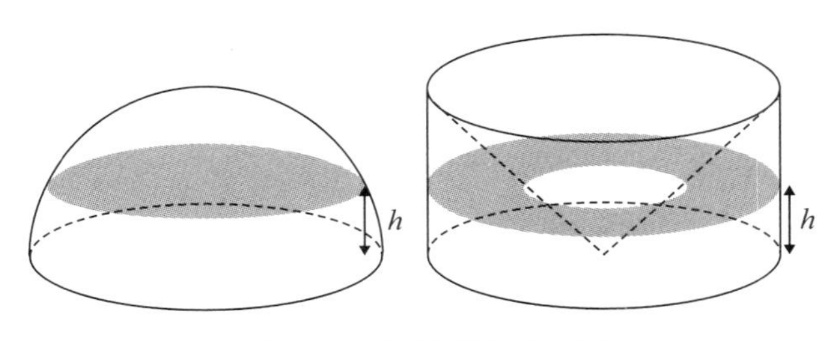

图 35　半球和钵体的截面

半球的截面面积似乎可以轻松算出来，但钵体的截面面积应该如何计算呢?

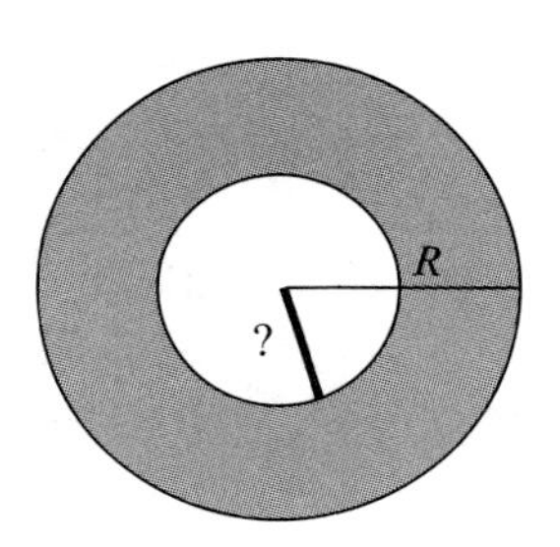

图 36　钵体的截面

如果画出钵体以高 h 分割的截面，就会发现截面是甜甜圈的形状（图 36）。甜甜圈形的面积可以计算，从半径为 R 的圆板中减去中间孔洞（被挖掉的部分）的面积就行了。因此，我们必须求出孔洞的半径。

为了求出孔洞半径，我们回到最初的钵体图形中，并纵向切割图形来观察。

这样一来，纵向截面上就出现了两个形状清晰的三角形（图 37）。两个三角形是相同的，所以我们只选取右边的三角形来计算。钵体底面的圆的半径为 R，所以三角形是底边为 R、高也为 R 的等腰直角三角形，三角形的斜边夹角为 45°。也就是说，以高

度 h 横向切割钵体所得的甜甜圈截面中，孔洞的半径等于高 h。结合这一条件，或许就能求得截面的面积。感觉不错！

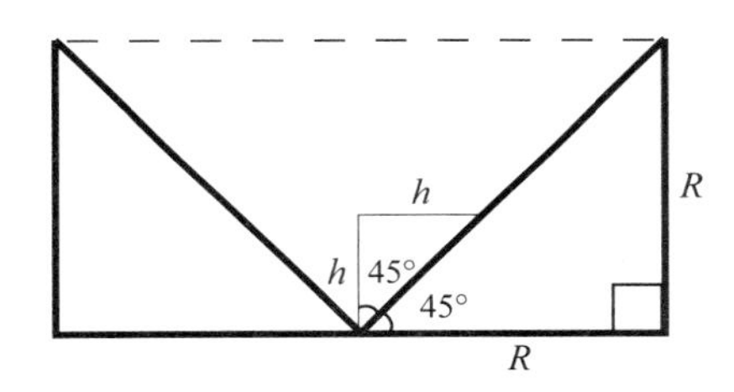

图 37　纵向切割钵体

那么，我们终于要着手计算半球和钵体的截面面积了。

半球的截面是圆。在这里，可以使用初中学过的勾股定理，即"直角三角形斜边的平方等于另外两条边的平方之和"。（图 39）

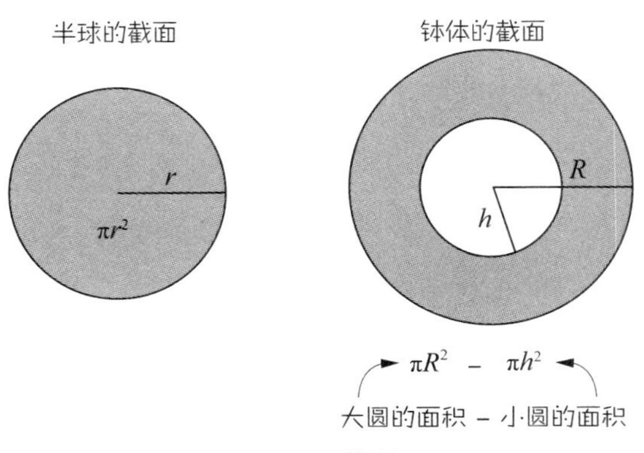

图 38　截面

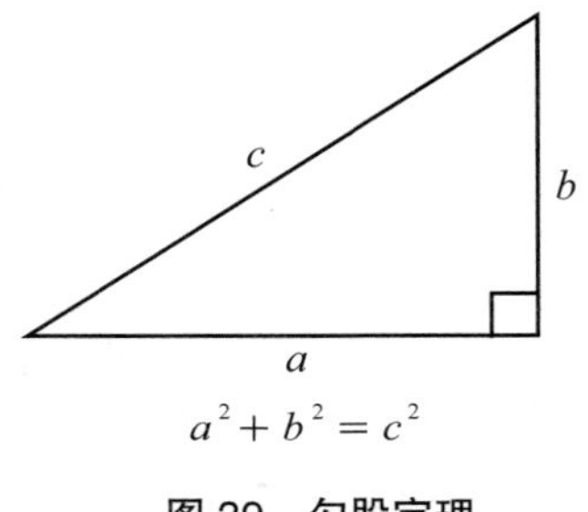

图 39　勾股定理

如图 40 左侧图所示，根据勾股定理可知圆的半径 r 满足 $r^2+h^2=R^2$。因此，圆的截面积为

$$\pi r^2=\pi(R^2-h^2)$$

右侧甜甜圈形的面积为，半径为 R 的圆的面积减去半径为 h 的圆的面积。所以钵体的截面积为

$$\pi R^2-\pi h^2=\pi(R^2-h^2)$$

比较半球和钵体的截面面积，会发现二者相等，即两个立体图形以高 h 所切割的截面面积相等。根据卡瓦列利原理，截面面积总是相等的两个立体图形，其体积也相等，所以可得半球的体积与钵体的体积相等。

根据以上结果，我们回到最初的目的上——计算球的体积。

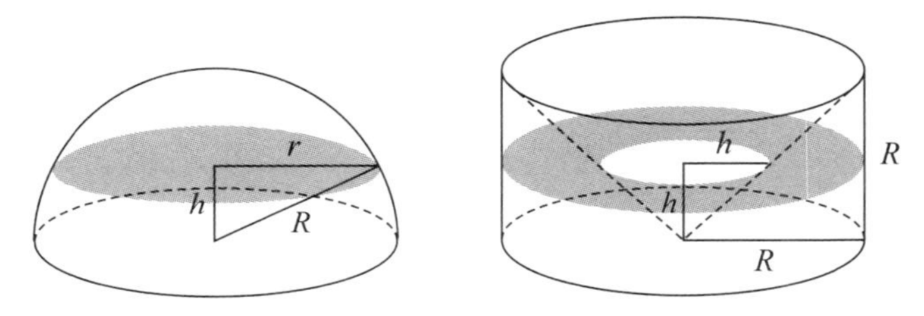

图 40　用卡瓦列利原理计算球的体积

使用圆锥的体积公式——底面积 × 高 × $\frac{1}{3}$ 可以计算出钵体中圆锥部分的体积。钵体的体积，就可以转化为圆柱的体积减去圆锥的体积，即

$$\pi R^2 \times R - \frac{1}{3} \times \pi R^2 \times R = \frac{2}{3}\pi R^3$$

钵体和半球的体积相等，球的体积为半球的 2 倍，因此可以得出

$$球的体积 = \frac{2}{3}\pi R^3 \times 2 = \frac{4}{3}\pi R^3$$

看，使用卡瓦列利原理，也能如此巧妙地解答问题。不得不说，这还真是一个让人意外的方法。

半球和钵体的形状，看上去完全不一样，没想到体积竟然相同。

体积与视觉中的形状没关系，关键是截面面积，这就是卡瓦列利原理。

卡瓦列利原理思路的核心在于，将“体积未知的立体图形”，通过“截面面积相同”这一条件，与“体积已知的立体图形”相匹配，继而求得未知体积。对于其他立体图形，只要能够找到与已知体积的图形相对应、关联的方法，就能够计算出体积。

积分的要领
寻找“有效的对应、关联条件”。

球的表面积

根据卡瓦列利原理可知，球的体积是对应钵体（从圆柱中挖去圆锥后形成的图形）体积的 2 倍。我们已经推导出了圆锥的体积公式，所以球的体积就可以顺利求得。

那球的表面积呢？是否能够如之前的方法，用组合小碎片的积分思路推导出来？

当然，即使不去背诵球的表面积公式，自己也可以推导出公式。

真的能推导出吗？我们赶紧试一试。

为了计算球的表面积，我们先来做一项准备工作，即以圆的面积为基础尝试求出圆的周长。这种情况下，使用何种方法分割才能有效呢？

在图 41 中，圆被分割成了许多细小的扇形。这时，我们可以把圆看作“众多细小扇形的组合图形”。

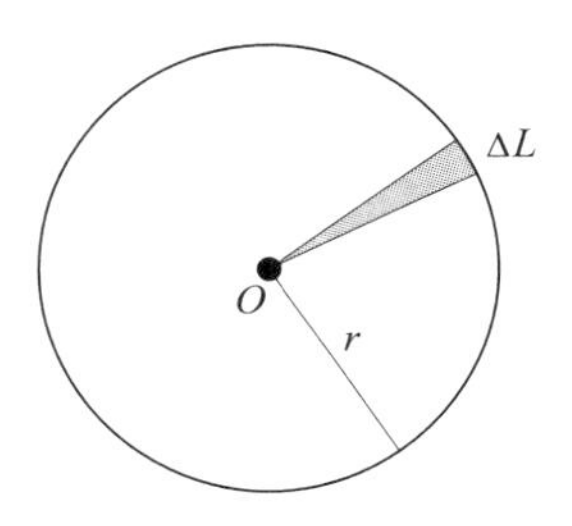

图 41　把圆看作众多细小扇形的组合图形

细小扇形的高大致等于圆的半径，也就是 r。现在问题的关键是扇形的底边（弧）。我们先假设扇形的底边大致为直线段。

扇形的底边是直线段？这可真是乱来。

当然，扇形的底边实际上是略微弯曲的。但是，如果假设扇形的底边为直线段的话，就能够计算其长度了。在微积分中，这种方法可是很方便的。

假设扇形的底边是直线段的话，扇形就可以大致看作是“底边为 ΔL、高为 r 的等腰三角形”。

积分的要领
相比“纠结于细节”，“如何思考才能顺利计算”更加优先。

这样一来，扇形的面积≈等腰三角形的面积，即

$$\text{扇形的面积} \approx \text{底边的长度}(\Delta L) \times \text{高}(r) \times \frac{1}{2} = \frac{1}{2} r\Delta L$$

按照我们的思路，也就是把圆看作众多细小扇形的组合图形，那么圆的面积就等于所有细小扇形的面积之和。将上述思路与上面扇形

的面积公式相结合，并将扇形底边的长度 ΔL 缩小到极短的话，那么“所有底边相加”就等于“圆的周长”。这样一来，圆的面积就是

$$圆的面积（\pi r^2）=\frac{1}{2}r\times 圆的周长$$

由上述式子可得圆的周长，即

$$圆的周长=2\pi r$$

下面，我们以上述思路为基础来尝试计算球的表面积。

如图 42 所示，我们可以把球看作极其纤细的四棱锥的组合。这样一来，球的表面就可以看作是被非常小的四边形所覆盖。

现在，尝试连接其中一个微小的四边形和球的球心。设四棱锥底面的面积为 ΔS，高则大致为球的半径 r。

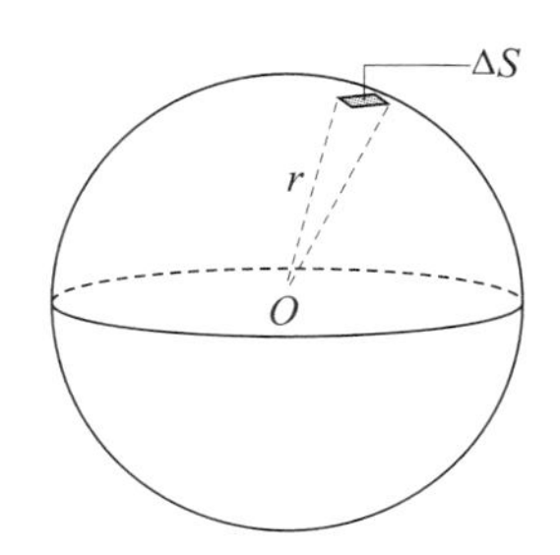

图 42　把球看作纤细四棱锥的组合

这个四棱锥的体积为

$$四棱锥的体积 = \frac{1}{3} \times 高（r）\times 底面积（\Delta S）= \frac{1}{3} r\Delta S$$

把所有四棱锥的体积分别相加可得

$$\frac{1}{3}r\Delta S + \frac{1}{3}r\Delta S + \frac{1}{3}r\Delta S + \cdots$$

即

$$\frac{1}{3}r(\Delta S + \Delta S + \Delta S + \cdots)$$

覆盖球表面的所有四边形面积ΔS相加，即为球的表面积。另外，球的体积为所有四棱锥的体积和，结合球的体积可得

$$球的体积（\frac{4}{3}\pi r^3）= \frac{1}{3}r \times 球的表面积$$

根据上面的式子可得

$$球的表面积 = 4\pi r^2$$

感觉和逻辑

初中入学考试中的积分

作为第 1 章的收尾，我们来思考两方面内容：“有效分割图形的方法”和“积分符号的使用方法”。为了便于讲解，我选取了日本初中入学考试试题，并尝试使用积分方法解答。

下面，我们将接触到旋转体。旋转体的体积是日本高中教科书中必定会出现的内容，初中入学考试中则常常会出现简单的旋转体题目，例如下面的题目。

如图所示，存在一个半径为 2 cm 的圆板，距离该圆板圆心 4 cm 处存在一条竖轴，让圆板以竖轴为轴旋转一周，求出此时所形成的图形的体积。

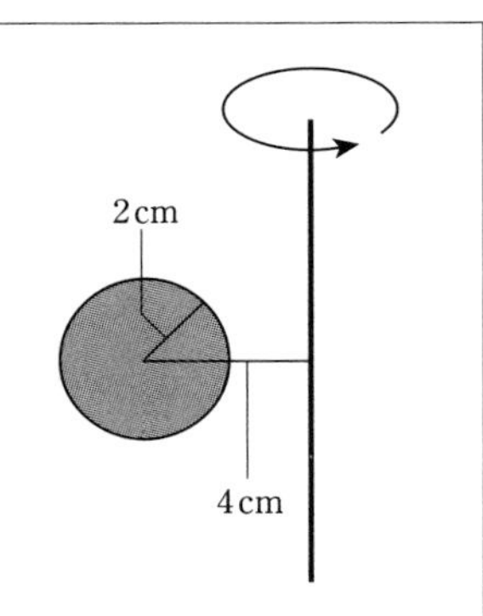

题目出自日本东海大学附属高轮台高等学校中等部 2007 年入学考试试题，内容表述有部分修改。

该如何解答这个问题？

在学校可没有学过这种奇怪图形的体积公式。

嗯，不知道怎么计算也是理所当然的。根据日本文部科学省的学习指导纲领，初中的课本中都不会涉及这类问题。让小学生解答，自然是非常困难，即便是让大人去解答，也不会立刻就能顺利解答出来。

圆板绕轴旋转一周，这时会变成什么样的图形呢？

图 43　圆环体

如图 43 所示，圆板旋转后就变成了这种甜甜圈形。这种甜甜圈的形状在数学中被称作圆环体 [5]。

为了计算出圆环体的体积，我们来寻找最朴素的“积分”法。那什么样的方法最有效呢？

如图 44 所示，我们可以考虑从水平方向切割圆环体。

图 44　水平切割圆环体

如图 45 所示，切割圆环体所得的截面如同从一个大圆中挖去了一个同心的小圆。求截面面积的话，只要知道大圆和小圆的半径就可以了。计算方法和计算钵体截面面积时的相同。

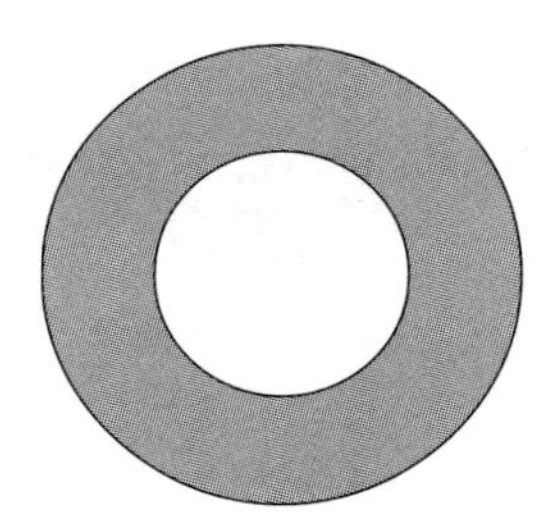

图 45　圆环体的截面

难点在于，圆的半径该如何计算呢？

下面来尝试将我们的思路画到题目给出的图中。取旋转轴为 x 轴，并将各个点标注上字母（图 46）。

在 x 轴取点 H。这样一来，图 45 截面上的两个圆，大圆的半径为 AH，小圆的半径为 BH。

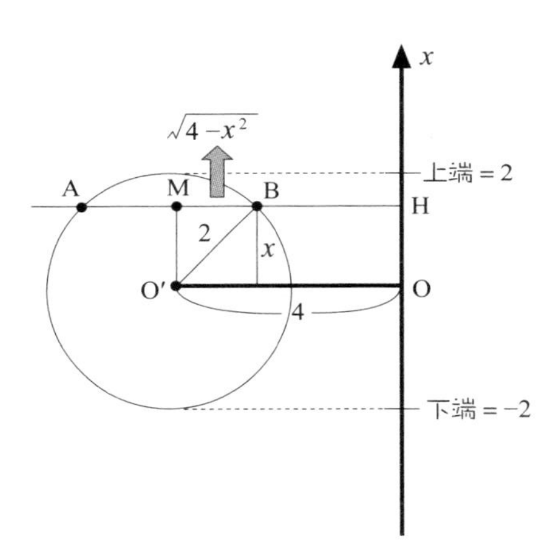

图 46　求出水平截面的两个圆的半径

实际上，我们的思路中最关键的一点在于“用 H 的高度去切割圆环体”。着眼于这点就可以发现：我们可以使用勾股定理。

接着，设点 A、点 B 的中点为 M。这时，根据勾股定理可知，AM（BM）的长为 $\sqrt{4-x^2}$ 。也就是说，大圆的半径 AH 为

$$4+\sqrt{4-x^2}$$

小圆的半径 BH 为

$$4-\sqrt{4-x^2}$$

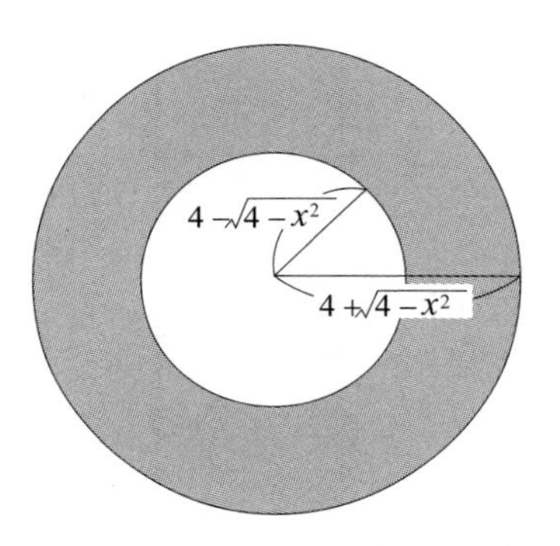

图 47　圆环体的水平截面尺寸

图 47 为圆环体的水平截面示意图。由图可知，从大圆的面积（$\pi(4+\sqrt{4-x^2})^2$）中减去小圆的面积（$\pi(4-\sqrt{4-x^2})^2$），就可以得出图 45 中的水平截面面积，面积为：

$$16\pi\sqrt{4-x^2}$$

具体的计算过程在此省略，感兴趣的读者请参考尾注[6]。

圆环体的体积可以看作是，在从下面（$x=-2$）到上面（$x=2$）的范围内，众多厚度为Δx的截面积（薄切片）的组合（截面积之和）。使用积分符号，可以用如下表示：

$$\int_{-2}^{2}16\pi\sqrt{4-x^2}\,\mathrm{d}x$$

这样一来，我们就求出了圆环体的体积。

话虽如此，这个积分的式子该怎么计算呢？

这个积分式子计算起来会非常麻烦。但是，实际上即使不计算这个式子，我们也可以得到答案。

我们来思考一下这个式子中“有意义的部分”。从整体结构看，16π 可以最后乘进去，所以可以先不管它。首先应该求的部分是

$$\int_{-2}^{2}\sqrt{4-x^2}\,\mathrm{d}x$$

画出 $y=\sqrt{4-x^2}$ 的图，或许能找到求取其面积的线索。那么，$y=\sqrt{4-x^2}$ 的图是什么形状呢？实际上，$y=\sqrt{4-x^2}$ 的图如图 48 所示。

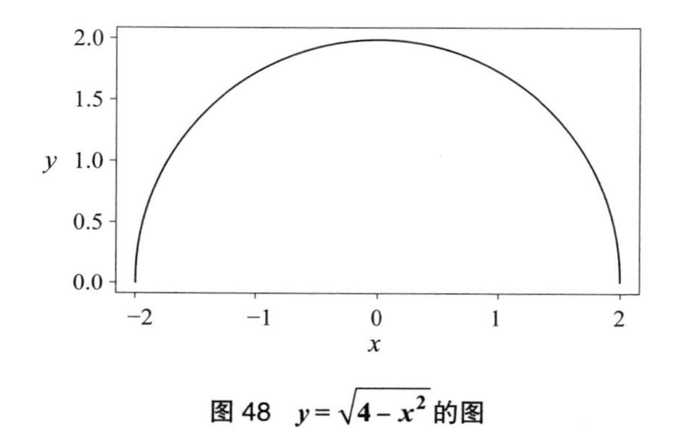

图 48　$y=\sqrt{4-x^2}$ 的图

但是，这种办法并非能轻易想到。所以，在目前的阶段，大家可不必过分在意，先继续往下读。

这个形状，经常可以看见呀。

是的，这是半径为 2 的圆的上半部分。

也就是说，这个积分式子的答案和图 48 的半圆面积相等。即为

$$\pi \times 2^2 \div 2 = 2\pi$$

然后再乘以刚才跳过的 16π，可得圆环体的体积为

$$2\pi \times 16\pi = 32\pi^2$$

圆环体看上去像是两个圆相乘形成的图形，在其体积计算中出现π的 2 次方确实非常有趣。在数学中，圆环体被定义为“圆和圆的笛卡儿积（准确来说，是圆环和圆周的笛卡儿积）”。说圆环体是两个圆相乘的图形，可谓恰如其文字之意——不，是恰如数字之意。

像小学生那样求圆环体体积

前文说到的求解方法可以说是大人的解题方法。但是，这种方法很难向连勾股定理和积分符号都不知道的小学生解释。

不用前文的方法，该怎样分割呢？适合向小学生讲解的方法是“分割成细方格来求圆的面积”。但是，逐一数方格数量会相当花费时间，所以我们来试一试新的方法。

为了转换思路，这里我先介绍一下“把圆分成扇形求圆面积的方法”。我们的目标是求圆环体的体积，但这一目标可以通过使用与“把圆分成扇形求圆面积的方法”类似的思路来实现。圆环体是立体图形，所以很难整体去想象，不过若是圆的话便容易形象化了。

如图 49 所示，将圆分成细小的扇形，然后让扇形上下交叉相互交错排列。由此，我们便得到了一个“平行四边形”。

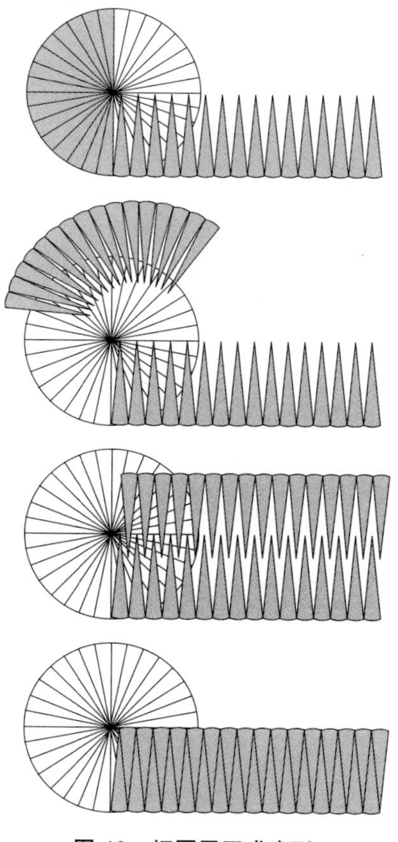

图 49　把圆展开成扇形

当然，扇形的弧是弯曲的，所以形成的平行四边形也有些弯曲。但是，如果逐渐分割出更加细小的扇形，就几乎看不见弯曲的弧了，到了最后我们差不多就可以将弧看作直线段。通过无限分割出更小的扇形，平行四边形的精确度会大幅提升。这时，平行四边形的高就会恰好等于圆的半径，底边则等于圆周长的一半（π× 半径）。也就是说，平行四边形的面积接近等于“π× 半径 × 半径”。因此，圆的面积也就等于“半径 × 半径 ×π”。

以上内容即为推导圆面积公式的“小学生式”方法。

把甜甜圈变成蛇的方法

结合前文推导圆面积的“小学生式”方法，下面我们开始研究圆环体的体积。依然是用相同的思路，想办法分割圆环体。这次我们不水平分割了，来试试从垂直方向分割（图 50）。

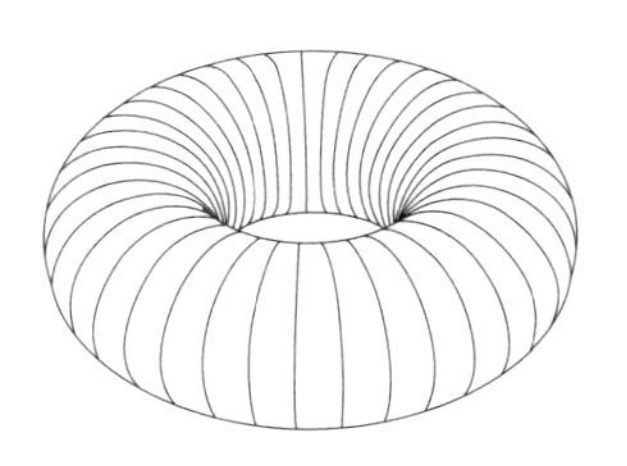

图 50　垂直分割圆环体

垂直分割圆环体后，所得的截面正好是小小的圆。

为了进一步研究截面的圆，我们先将其 8 等分。然后使用圆分割后的扇形交错排列的技巧，相互交错排列圆环体。

这样一来，圆环体就会被重构成弯弯曲曲的蛇形。

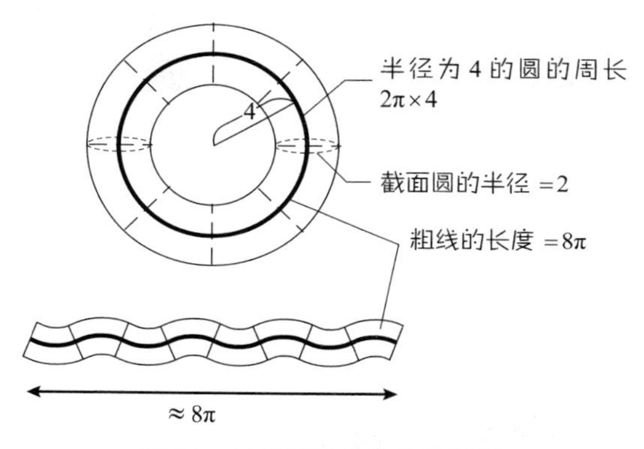

图 51　分割圆环体并交错排列

真的吗？我想确认一下。

那么，我们来做个实验吧。

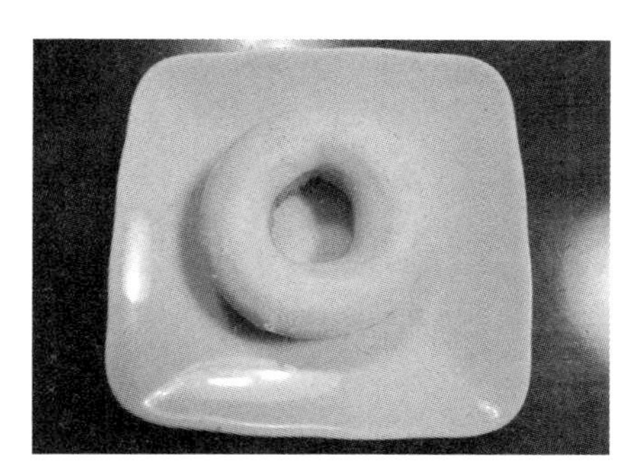

图 52 美仕唐纳滋白巧克力米粉甜甜圈

在这里使用的模型是美仕唐纳滋[7]的白巧克力米粉甜甜圈。不用甜甜圈的话，用百吉圈也可以。先将甜甜圈 8 等分，如图 53。

图 53 8 等分的甜甜圈

把切好的甜甜圈交错排列，就会形成以下图形（图 54）。

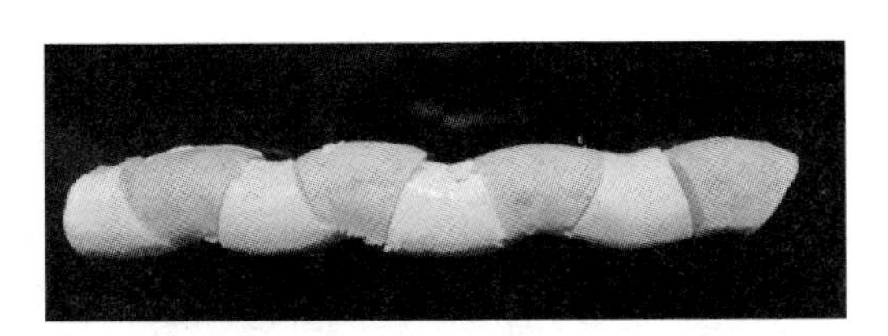

图 54　重新排列被 8 等分的甜甜圈

可以看到，重新排列后的甜甜圈确实变成了蛇形的立体图形。补充一句，这时我女儿已经把刚才切的甜甜圈全部吃掉了，她还嚷嚷道："为什么要切开？哎呀！"

在这里我们是将甜甜圈 8 等分，如果进行更加精细的分割，如 100 等分、200 等分……蛇形的立体图形会更加接近圆柱形（横倒的圆柱形）。

也就是说，如图 51 所示，圆柱的底面是半径为 2 的圆，而高则是半径为 4 的圆的周长（圆围绕竖轴旋转一周的圆心轨迹长度），即 8π。

因此，我们所求的圆环体体积，就转化成了底面积为 $\pi\times 2^2$、高为 8π 的圆柱（图 55）的体积，即为

$$\pi\times 2^2\times 8\pi=32\pi^2$$

圆周率可以约等于 3.14，代入 3.14，可以求出圆环体的体积为 315.507 2 cm^3。

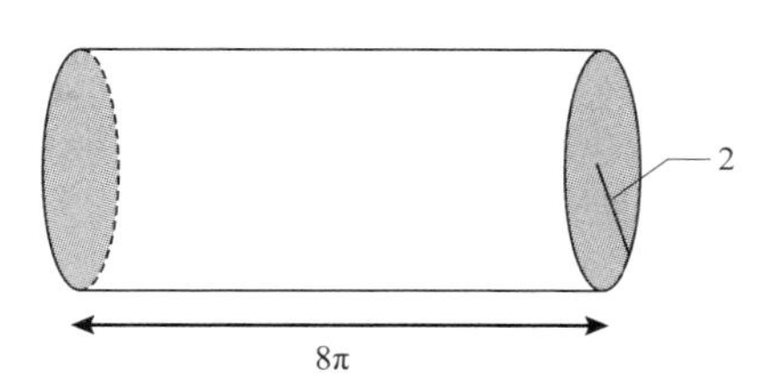

图 55 把圆环体变形为圆柱

我们顺便来求一下白巧克力米粉甜甜圈的体积，甜甜圈截面圆的半径为 1.5 cm，甜甜圈的直径为 8 cm。

也就是说，图 51 中画粗线的圆的半径为 $8 \div 2 - 1.5 = 2.5$ cm。因此，甜甜圈的体积等于底面积为 $\pi \times 1.5^2$、高为 $2\pi \times 2.5$ cm 的圆柱的体积，即为

$$\pi \times 1.5^2 \times 2\pi \times 2.5 = 110.920\ 5\ \text{cm}^3$$

这大概和棱长为 4.8 cm 的立方体体积相当。

帕普斯-古尔丁定理

在日本中学的入学考试中，存在一个求旋转体体积的“秘技”——帕普斯-古尔丁定理。

帕普斯 - 古尔丁定理

旋转体的体积 = 旋转的平面图形面积 × 旋转面重心所经过的距离

下面我们使用这个定理计算旋转体的体积。

在前面的圆环体中，“旋转的平面图形”是半径为 2 的圆，其面积为 $2\times2\times\pi=4\pi$。

接着是“旋转面重心所经过的距离”，这道题里的“重心”大家可以理解为是“旋转体的正中央”。重心经过的距离等同于圆柱的高，所以是 $4\times\pi\times2=8\pi$。

把这些数据代入帕普斯-古尔丁定理，可得“旋转体的体积”为 $4\pi\times8\pi=32\pi^2$。

不少机灵的小学生都知道这个“秘技”，在实际的考试中肯定也有考生使用这个定理。但是，真正要来解释这个计算原理，如大家所见，还真不是一件容易的事情。

将圆环体变形成圆柱，我们可以从这个过程中窥得积分的要领。

积分的要领

把解答方法未知的图形，变形成我们熟知的图形。此时，只改变其形状，不改变体积。

实际上，使用相同的方法也可以计算圆环体的“表面积”。

在图 55 中能够确认，圆环体的表面积等于“底面半径为 2、高为 8π 的圆柱的侧面积”。因此，半径为 2 的圆的周长为 $2\times2\times\pi=4\pi$，再乘以 8π，则圆环体的表面积就等于 $32\pi^2$。顺便说一下，这里的表面积和体积相等（都是 $32\pi^2$），只是一个偶然。

另外，使用将圆环体变形为圆柱的方法，也能轻松推导出圆环体的体积和表面积的公式。

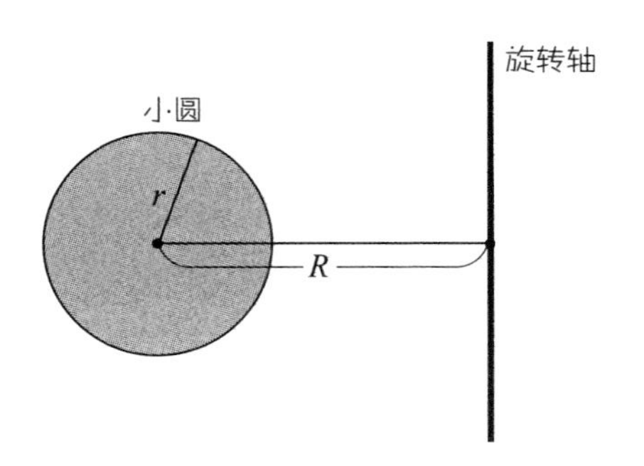

图 56　旋转圆板形成圆环体

如图 56 所示，取 r 和 R（$R>r$）使之围绕轴旋转形成圆环体。将半径为 r 的灰色圆板称为小圆，则圆环体的体积和表面积的公式如下：

体积 = 小圆的面积（πr^2）× 小圆圆心经过的距离（$2\pi R$）$=2\pi^2r^2R$

表面积 = 小圆的周长（$2\pi r$）× 小圆圆心经过的距离（$2\pi R$）$=4\pi^2 rR$

表面积的这种计算方法只要理解了就会觉得非常简单，但若使用其他计算方法就会比较麻烦，需要用到多重积分这种大学水平的积分知识。分割方法，让积分可易可难。

反过来说，那些看起来复杂困难的问题，仅仅通过分割的方法，就能转化为小学生也可以解开的问题了。

在第 1 章中，我们通过求解多种图形的面积、体积，了解了“精细分割”以及“将图形分割为小长方形或长方体”等有效方法。

积分在应用时，数值计算多会使用计算机来处理。实际上，把具体的积分式子写出来并计算的情况少之又少。计算机计算积分问题，除了技术上的运行处理外，剩下其实都是在“求取所有分割面积（或者长度、体积）的总和”。

说到底，积分可以说就是求取“分割部分之和”，并无其他特别内容。一旦可以写出积分的式子，那么数值计算就很简单了。

将各种各样的量用积分的式子表达出来，这才是我们需要掌握的必要能力。

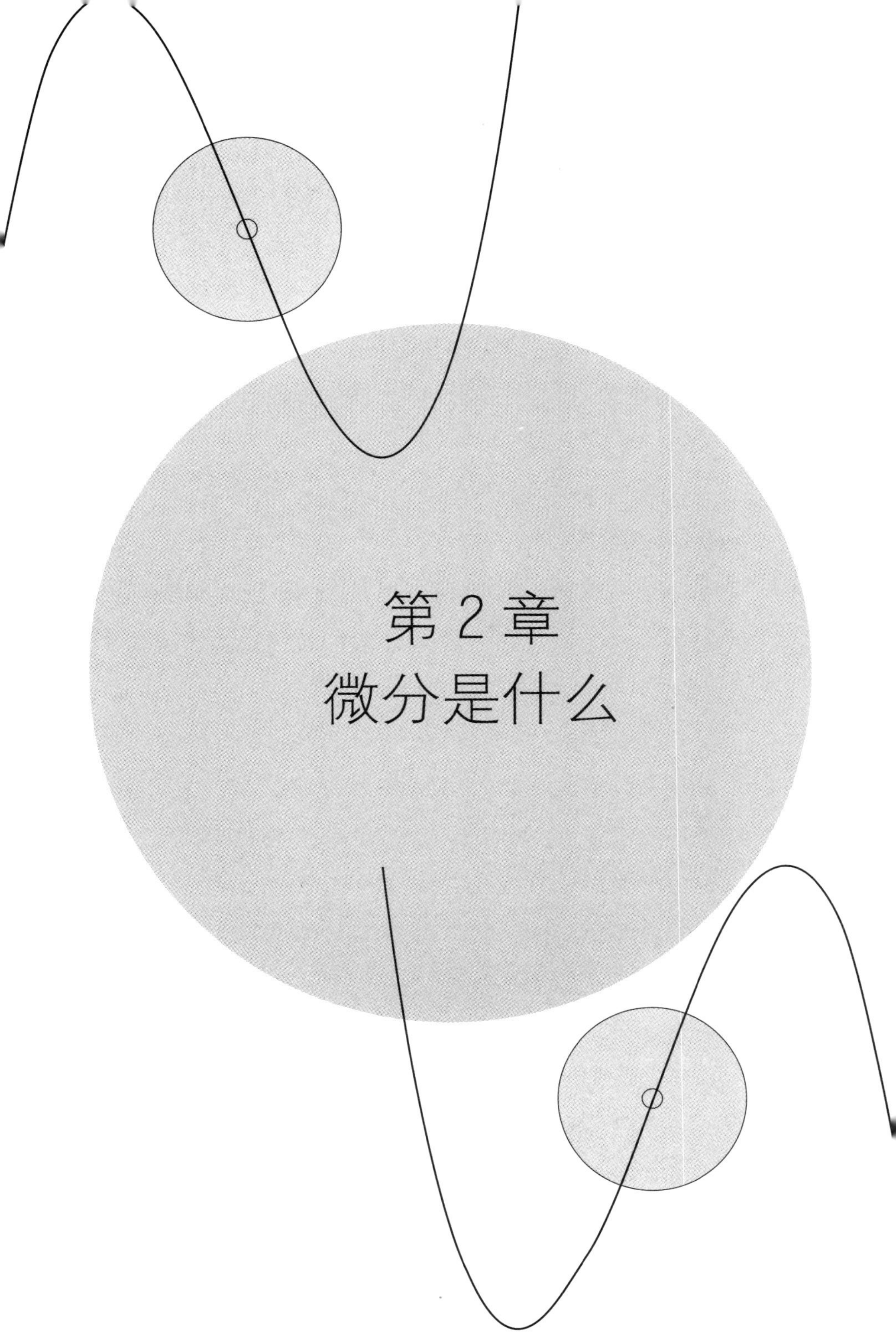

第 2 章 微分是什么

微分存在的意义

分析钻石的价格

日本高中的教科书中，微分内容设置在积分之前。大概是因为这种课程设计，微积分学不好的同学大多都是在微分上受挫。擅长微分的同学几乎不会学不好积分。

在第 1 章的开篇也说过，微分比积分更难形象化。在积分的章节中，出现了圆的面积及球、圆锥、旋转椭圆体的面积、体积，这些都是易于去感知理解的。与此相反，微分在理解上并不是很容易。

要说为什么微分难以理解，这是因为微分是“比值”。

$y=f(x)$的微分是，y的微小变动(Δy)与x的微小变动(Δx)的比值。

如果说积分是加法，那么微分就是除法。

小学最初学习的是加法，之后学习减法、乘法，最后学习除法。之所以按照这个顺序学习运算，是因为难度会越来越大。在直观上理解除法，是相对比较困难的。

“比值”这种“除法世界”的东西虽然不易于理解，但在“捕捉变化”时，却是非常有用的“神兵利器”。

积分和微分的思考方法完全不一样。下面我们结合实际的例子，来转换大脑的思路。最开始的题目是钻石的价格公式。

为什么选择钻石的价格公式?

像微分这种很抽象的话题，用具体的金钱问题来思考是一种技巧。比如小学生的题目中，在数字后面加上“日元”，算术问题就容易理解。对于大人的话，用钞票比用经济增长率或者汇率更能让人感受到其数量。这是同一种原理。

我们想象金钱时，对数量的感觉会变敏锐，那么我们就利用这种“量的感觉”来举例吧。

根据美国宝石研究院的《钻石质量评价国际标准》，钻石的价值由4C决定。4C指的是钻石的特征，即克拉重量（CARAT WEIGHT）、色泽（COLOR）、切工（CUT）、净度（CLARITY）。

除了 4C，还存在其他投机因素也能使钻石价格发生变动，但多方面考虑会使问题变得过于复杂，所以在此就不考虑这些因素了。

制定钻石价格的一般公式有些难，在此我们假设钻石的色泽、切工、净度都相同。这样一来，钻石的价格就由“大小”（重量）决定。钻石重量的单位是克拉，1 克拉相当于 0.2 g。

8.00 克拉 13 mm	7.00 克拉 12.4 mm	6.00 克拉 11.7 mm	5.00 克拉 11 mm	4.00 克拉 10.2 mm
3.00 克拉	2.00 克拉	1.50 克拉	1.00 克拉	0.75 克拉
0.66 克拉	0.50 克拉	0.33 克拉	0.25 克拉	0.20 克拉
0.15 克拉 3.4 mm	0.10 克拉 3 mm	0.07 克拉 2.7 mm	0.05 克拉 2.5 mm	0.33 克拉 2 mm

图 57　钻石的克拉重量和相对大小

当克拉重量不太大时，钻石的价格大约与“克拉重量的平方”成比例。也就是说，如果钻石的重量（克拉）为 x，那么钻石价格 y 可以表示为

$$y = x^2 \times 1\text{克拉的价格}$$

这个关系式称为“平方法”。

实际上 1 克拉的钻石价格并不是固定的，但是为了方便解释，我们假设“1 克拉钻石为 100 万日元”。这样一来，x克拉的钻石价格为

$$y = 100x^2 \text{万日元}$$

如果重量是 2 克拉，那么钻石价格为

$$100 \times 2^2 = 400 \text{万日元}$$

实际上，钻石恰好是 1 克拉的情况并不常见。多数情况下是 0.98 克拉、1.01 克拉，甚至是小数点后第 2 位上的差异。因此，假设钻石重量不是 1 克拉，而是 1.1 克拉，这时钻石价格是 $100 \times 1.1^2 = 121$万日元。重量仅仅增加 0.1 克拉，价格就增加了

$$121 \text{ 万日元} - 100 \text{ 万日元} = 21 \text{ 万日元}$$

0.1 克拉是 0.02 g，仅仅增加了这样一点儿重量，价格竟然增加了 21 万日元（约人民币 12 000 元）。碳元素也变得让人另眼相看了。（另外，也存在克拉重量增大，但不能套用此平方法的情况。对此有兴趣的读者，请参照尾注 [8]。）

在这里，假设钻石的重量在x克拉的基础上增加了Δx，即为$x+\Delta x$克拉。克拉重量减少也是同理，不过为了方便计算，在此只讨论增加的情况。

这时，你觉得钻石价格如何增加？

是不是像刚才计算的那样，仅仅增加一点儿重量，价格就增加好多？

如图 58 所示，边长为x的正方形，当横边与纵边分别增加Δx时，面积会增加多少呢？通过这张图，我们就能明白钻石重量在x克拉的基础上增加了Δx，即钻石重量为$x+\Delta x$克拉时，价格上涨了多少。

在这里，x^2（乘以 100 万日元）表示的是钻石价格。价格上涨的部分如图 58 所示，是“两个长方形（面积分别为$x\Delta x$）加上边长为Δx的正方形（面积为$(\Delta x)^2$）”。

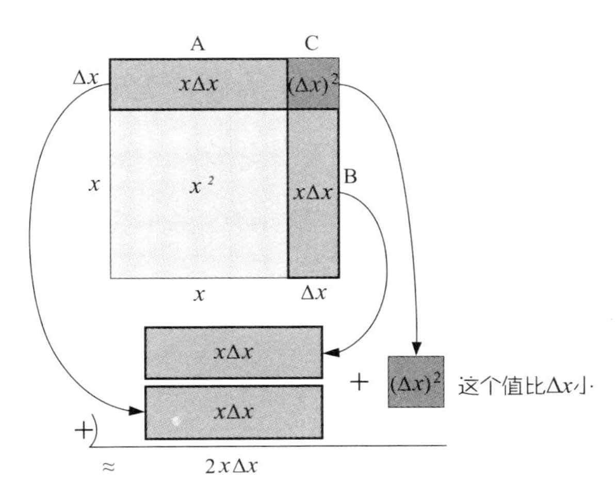

图 58　钻石价格增加的部分

> A. 边长为 x 和 Δx 的长方形
>
> B. 边长为 x 和 Δx 的长方形
>
> C. 边长为 Δx 的正方形

也就是说，钻石价格增加的部分为

$$(2x\Delta x + (\Delta x)^2) \times 100\text{万日元}$$

在刚才的例子中，当 1 克拉的钻石增加为 1.1 克拉时，其价格增加的部分表示为

$$(2\times1\times0.1+(0.1)^2)\times100万日元=20万日元+1万日元$$

$(\Delta x)^2$的部分是 1 万日元，单纯看会让人觉得这部分增长与重量增加相符，但是与 20 万日元相比，这个金额就相对较小了。

如果把(Δx)变得更小，这种倾向会更加明显。比如$\Delta x=0.05$，

$$(2\times1\times0.05+(0.05)^2)\times100万日元=10万日元+2500日元$$

$(\Delta x)^2$变成了 1 万日元的四分之一，即 2500 日元。再比如$\Delta x=0.02$，

$$(2\times1\times0.02+(0.02)^2)\times100万日元=4万日元+400日元$$

$(\Delta x)^2$为 400 日元。

一般来说，“小正方形的部分”比“长方形的部分”便宜。

对于 4 万日元，这部分只增长了 400 日元呢。

也可以说几乎没有增长，所以这时我们忽略这个增长额吧！

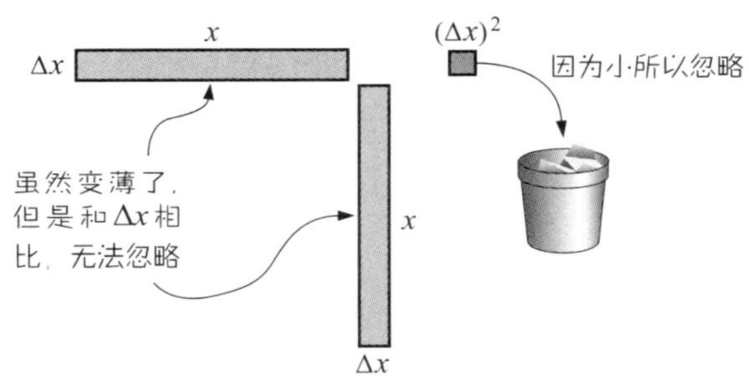

图 59　忽略小增长

过于小的$(\Delta x)^2$，被扔进了垃圾箱（图 59）。

另外，虽然说$(\Delta x)^2$是Δx的Δx倍，但是这并不代表数量也增加了。因为，像Δx这种数值小的数相乘，结果会变得更小。$(\Delta x)^2$和Δx相比的话，相对来说数值更小。

忽略$(\Delta x)^2$后，钻石价格增加的部分大致为

$$2x\Delta x \times 100\text{万日元}$$

$2x\Delta x \times 100$万日元？这到底表示什么意思？

用图 59 来说的话，指的是两个长方形的面积。即和Δx相比，无法被忽略的部分。

重要的一点是，“和Δx相比，是大还是小”。比如

$$2x\Delta x\times100\text{万日元}$$

这个数值虽然随着Δx的变小而变小，但是并不能说这个数值“和Δx相比较小”。

关键是“和Δx相比无法忽略的部分”

$$2x\Delta x\times100\text{万日元}$$

是Δx的多少倍呢？答案是$2x\times100$（万日元）$=200x$倍。$y=100x^2$的微分指的就是这个倍数$200x$。

钻石的例子从一开始设定的就是1克拉=100万日元，所以价格增加的部分是“1 克拉的$2x$倍”。这个“2”用图 59 来表示的话，就是来自于像两堵墙壁一样的部分。

“亮出指数”的理由

微分的要领
准确区分可以忽略的部分与不能忽略的部分。

丢弃可以忽略的部分，只留下不能忽略的部分，再求出“不能

忽略的部分是Δx的多少倍”，这就是微分。

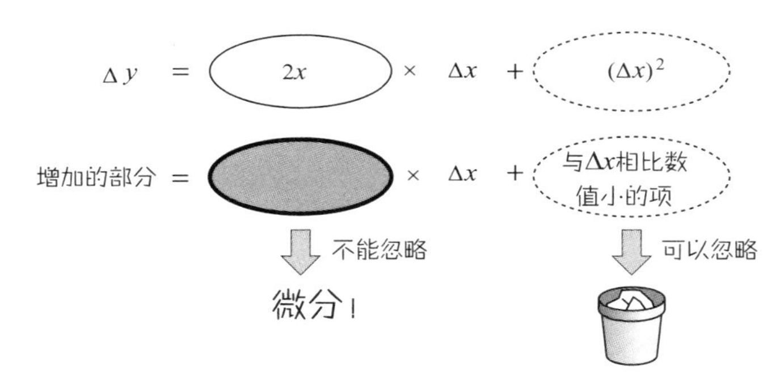

图 60　何为微分

数学一向偏好严密性，像这样忽略一部分，真的可以吗?

当然！“故意忽略细节部分”是理工科领域自古以来的常用方法。第 1 章积分中关于液晶显示器的说明也使用了此方法。

微分的要领

忽略较小部分，取近似值。

一言以蔽之，微分就是这么回事。以此为基础，我们慢慢来考虑教科书中经常出现的基础微分公式的“意思”。

下面的式子，大家是否觉得在哪里见过？

$$(x^n)' = nx^{n-1} \quad (n=1, 2, 3, \cdots)$$

在这里，式子中右上角的小撇“ ′ ”就是表示微分的符号。

这是高中微积分最先学习的幂函数的微分公式。幂指的是x^2、x^3、x^4右上角的指数。

高中时老师会教大家这样的原则：总之，微分时要把指数的数值写在前面，然后把右上角的数值减 1。但是为什么要这样做呢？在数学中，“总之要这样做”这种强加于人的规则确实存在，不过我们在此稍作停顿，来思考其中的本质。

图 61 用图形表示出了$y = x^2$的微分。

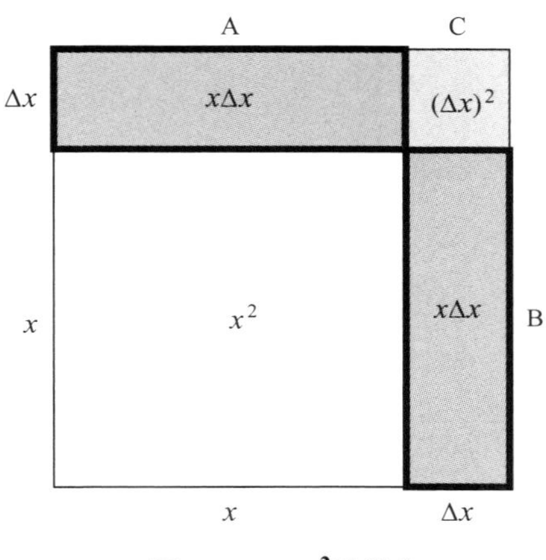

图 61　$y=x^2$的微分

这和刚才图 58 相似。实际上，“幂函数的微分公式”可以用我们处理钻石问题时的要领来思考。

也就是说，我们可以把它变成这样一个问题：存在一块边长为x的正方形土地，其面积是x^2，如果把土地边长分别增加Δx，那么土地的面积会增加多少？

结果如图 61 所示，土地只增加了右边和上边两部分。增加的土地可以分成以下三部分来考虑。

A. 边长为 x 和 Δx 的长方形

B. 边长为 x 和 Δx 的长方形

C. 边长为 Δx 的正方形

长方形的面积（A 和 B）都是 $x\Delta x$，因为有两个，所以面积合计为 $x\Delta x + x\Delta x = 2x\Delta x$。

剩下的正方形的面积（C）为 $(\Delta x)^2$。如果 Δx 越来越小，$(\Delta x)^2$ 就会越来越比 Δx 更小。比如说，$\Delta x = 0.1$ 的话，$(\Delta x)^2 = 0.01$，$(\Delta x)^2$ 比 Δx 小了一个数量级。因为 $(\Delta x)^2$ 如此之小，所以我们就果断忽略它吧。

这样一来，土地面积增加的部分全部相加大约等于 $2x\Delta x$。计算面积增加的比率的话，可以用 $2x\Delta x$ 除以 Δx 得到 $2x$。

也就是说，我们学习的公式 $(x^2)' = 2x$ 中，x 前面的 2 意为“有两个长方形”。

同样，我们现在也可以计算 $y = x^3$ 的微分。思考一下，平面图形的例子使用的是面积，那么立体图形的例子使用的就是体积。这次我们使用立方体。此时应该考虑的是“立方体的体积如何增加”。

求解的要领与面积的例子相同，我们分别使“立方体”的棱长增加 Δx（图 62）。

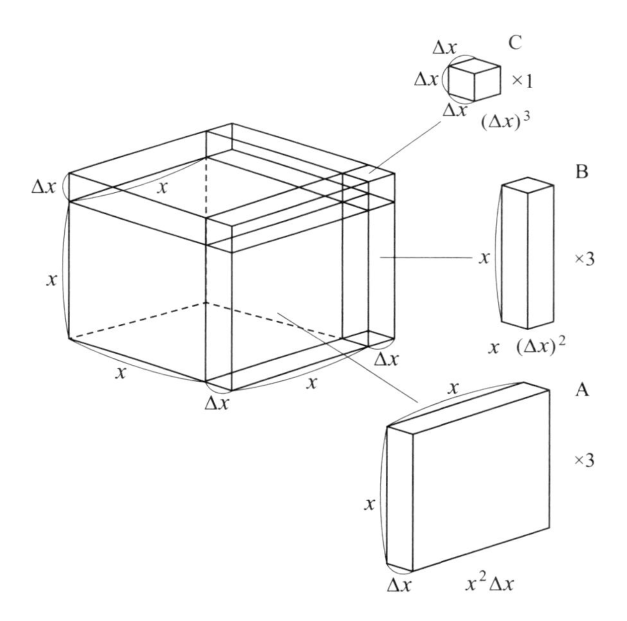

图 62 $y = x^3$ 的微分

哪一部分大概增加多少，我们分别写下来。

A. 底面是边长为x的正方形，厚度为Δx的墙壁——有 3 个（体积都是$x^2\Delta x$）

B. 底面是边长为Δx的正方形，高为x的长方体——有 3 个（体积都是$x(\Delta x)^2$）

C. 棱长为Δx的立方形（体积$(\Delta x)^3$）——有 1 个

其中体积较大的是体积为$x^2\Delta x$的 3 面墙壁（A）。其他部分（B 和 C）和Δx相比非常小，所以我们也忽略这两部分吧。

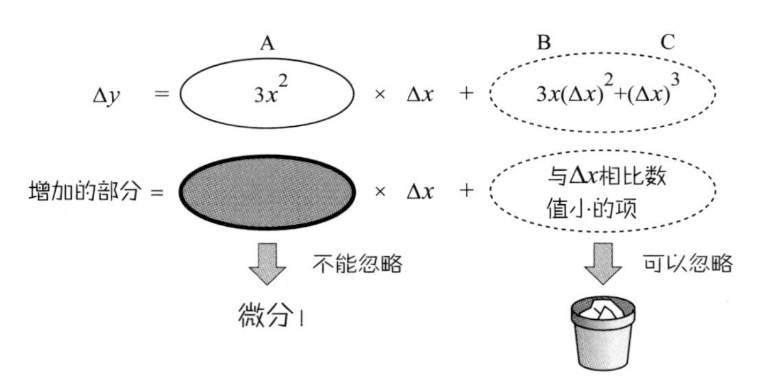

图 63　3 次方的微分

结果，增加的体积大概为$3x^2\Delta x$。为了计算增加的比率，用$3x^2\Delta x$除以Δx，得出$(x^3)'=3x^2$。

当$y=x^3$时，3 是大墙壁的数量。这就是我们在学校所背诵公式的结构。

顺便说一下，$y=x$的微分是 1。

因为当x只增加了Δx时，y只增加了Δx，增加的部分正好是Δx的 1 倍。

另外，“忽略”的处理方法，也能够机械化操作。增加部分的

公式是

$$\Delta y = 3x^2\Delta x + 3x(\Delta x)^2 + (\Delta x)^3$$

为了算出增加的比率，用Δy除以Δx，

$$\frac{\Delta y}{\Delta x} = 3x^2 + 3x\Delta x + (\Delta x)^2$$

在这里，忽略Δx。忽略即指“接近 0”。

因此，当Δx无限趋向于 0 时的$\frac{\Delta y}{\Delta x}$的值，可以表示为

$$\lim_{\Delta x \to 0}\frac{\Delta y}{\Delta x} = \frac{\mathrm{d}y}{\mathrm{d}x}$$

$\lim\limits_{\Delta x \to 0}$的意思是$\Delta x$无限趋向于 0 时的极限。$\frac{\mathrm{d}y}{\mathrm{d}x}$与在积分那章解释过的$\Delta x$与$\mathrm{d}x$不同。因为这是无限趋近时的极限数值，所以叫作极限值。读作“$\mathrm{d}y\mathrm{d}x$”（不是$\mathrm{d}x$分之$\mathrm{d}y$）。

感觉$\frac{\mathrm{d}y}{\mathrm{d}x}$的 d 是多余的。约分的话，外观看起来不是更简洁吗?

有很多学生这样做，但是$\mathrm{d}x$或者$\mathrm{d}y$不是$\mathrm{d}\times x$、$\mathrm{d}\times y$。这里的 d 和 Δ 一样，是意思为 difference（差）的符号。所以，不要约分哦。

在前文的式子

$$\frac{\Delta y}{\Delta x} = 3x^2 + 3x\Delta x + (\Delta x)^2$$

中，

$$3x\Delta x + (\Delta x)^2$$

这一部分趋向于 0，只留下

$$3x^2$$

这一部分。这就是微分。

也就是说，下面的式子成立：

$$\frac{\mathrm{d}y}{\mathrm{d}x} = 3x^2$$

乘积的微分公式

如何求取两个函数$f(x)$和$g(x)$相乘之积的微分呢？有一个式子可以表示。

$$(fg)' = f'g + fg'$$

这叫作乘积的微分公式。乘积的微分公式是需要提前掌握的珍贵工具。

关于微分公式$(x^2)'=2x$、$(x^3)'=3x^2$的结构，稍微一看就可以确认。在增加幂的次数，计算$(x^4)'$之时，乘积的微分公式就会开始起作用了。

我们先来考虑“两个函数$f(x)$和$g(x)$乘积的微分会是怎样的”？

谈及“函数的乘积微分”，我们很难想象出具体的形象来。这里还是用老办法，也就是把它转换成面积问题来思考。

图 64 为乘积的微分公式原理的示意图。

如图 64 所示，假设存在一个纵长为f、横长为g的长方形，函数f和g乘积的微分问题，就可以转化为“当这个长方形的纵长增加Δf、横长增加Δg时，长方形的面积会增加多少”。

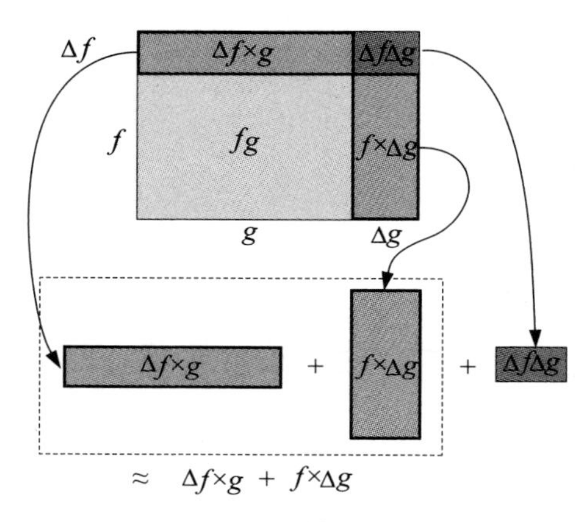

图 64　乘积的微分公式

结果，纵向增加的面积为$\Delta f \times g$，横向增加的面积为$\Delta g \times f$。除此之外还有一个小的长方形，面积仅仅是$\Delta f \Delta g$。这个小长方形的面积和Δf、Δg相比，数值应该非常小，所以我们忽略掉。

这样一来，增加的长方形面积大概就是

$$\Delta f \times g + f \times \Delta g$$

将纵长、横长的增加部分（Δf、Δg）除以Δx，得出

$$\frac{\Delta f}{\Delta x} \times g + f \times \frac{\Delta g}{\Delta x}$$

如果Δx无限趋向于0的话，那这个式子就无限接近

$$\frac{\mathrm{d}f}{\mathrm{d}x} \times g + f \times \frac{\mathrm{d}g}{\mathrm{d}x}$$

逐一写出$\frac{\mathrm{d}f}{\mathrm{d}x}$、$\frac{\mathrm{d}g}{\mathrm{d}x}$会有些麻烦，所以我们将其分别记为$f'$、$g'$，代入可得

$$(fg)' = f'g + fg'$$

我们得出了乘积的微分公式。“乘积”的微分公式的意思就是，求取f和g相乘所得式子（乘积）的微分。

从未知到已知

使用乘积的微分公式，不少问题就会很轻松得到解决。

话不多说，我们立刻使用这个公式来计算$n = 4$时的微分$(x^4)'$。解法有好几种，方法之一就是将x^4转化为$x^3 \times x$。

$$(x^4)' = (x^3 \times x)'$$

$$(fg)' = f' \times g + f \times g'$$

$$(x^3 \times x)' = (x^3)' \times x + x^3 \times x'$$

图 65　尝试使用乘积的微分公式

这样一来，我们就可以像图 65 那样使用乘积的微分公式。首先一起来考虑 3 次方的微分。是的，用立方体的体积考虑的话，就会出现 3 面墙壁。

从墙壁的例子可知，$(x^3)'=3x^2$，使用这个已知条件可得

$$
\begin{aligned}
(x^4)' &= (x^3 \times x)' \\
&= (x^3)' \times x + x^3 \times x' \\
&= 3x^2 \times x + x^3 \times 1 \\
&= 3x^3 + x^3 \\
&= 4x^3
\end{aligned}
$$

看，稍微把式子变形了一下，就可以推导出新的微分公式 $(\boldsymbol{x}^4)'=4\boldsymbol{x}^3$。

原来如此。还有其他方法吗?

当然，也可以把x^4看作$x^2 \times x^2$，同样是使用乘积公式计算，把x^4看作$x \times x \times x \times x$来计算也没有问题（这种情况，会多次重复使用

乘积的微分公式)。

乘积的微分公式是 17 世纪由牛顿提出来的。这对人类来说是非常大的进步。

多亏了乘积的微分公式，微分的世界从“图形”转变成了“计算”。虽说用图形思考容易着手，但图形能表达的内容终究有限。例如计算多次方时，逐一把问题转化为正方形、立方体问题，反而会使问题变复杂。这时，使用乘积的微分公式来计算的话，就立刻能够得出答案。

乘积的微分公式的优秀之处不限于此。使用该公式，即使是“未知的微分”，也可以基于“已知的微分”推导出来。

比如说“x^5的微分”，计算方法与前述相同，即将x^5转化为$x^4 \times x$，再使用乘积的微分公式就可以了，具体如下：

$$
\begin{aligned}
(x^5)' &= (x^4 \times x)' \\
&= (x^4)' \times x + x^4 \times x' \\
&= 4x^3 \times x + x^4 \times 1 \\
&= 4x^4 + x^4 \\
&= 5x^4
\end{aligned}
$$

新的公式$(x^5)' = 5x^4$也就轻松得出了。

像这样依次计算，就可以得出

$$(x^n)' = nx^{n-1}$$

这样我们就验证了前文中的“幂函数的微分公式”。

商的微分公式

高中教科书中也出现了商的微分公式。

$$\left(\frac{f}{g}\right)' = \frac{f'g - fg'}{g^2}$$

在学校里很多学生都会背诵该公式，其实没有必要这样做，因为本质上它和乘积的微分公式相同。

在这里，我们来从乘积的微分公式中推导出商的微分公式。

这次的目标是计算式子

$$\left(\frac{f}{g}\right)'$$

在这里把它变形为

$$\frac{f}{g} \times \square = \bigcirc$$

这样变形是为了方便使用乘积的微分公式（为了避免与f、g混淆，这里我们使用F、G）。

$$(FG)' = F'G + FG'$$

使用乘积公式可得

$$\left(\frac{f}{g}\right)' \times \square + \frac{f}{g} \times \square' = \bigcirc'$$

我们计算这一部分

似乎可以顺利进行计算（在这里F为$\frac{f}{g}$，G表示$\square$）。

在$\square$中放入g，$\bigcirc$放入f，所以

$$\frac{f}{g} \times \boxed{g} = \textcircled{f}$$

两边取微分得出

$$\left(\frac{f}{g}\right)' \times g + \left(\frac{f}{g}\right) \times g' = f'$$

转化为$\left(\frac{f}{g}\right)'$的解，得出

$$\left(\frac{f}{g}\right)' = \frac{f'g - fg'}{g^2}$$

这就是商的微分公式。

死记硬背的内容往往只有一种用途，但是如果理解了内容本质，那么能够推导出来的公式种类便会如滚雪球一般增加。这也正是数学的乐趣所在。

再次扩展幂函数的微分公式

我们来看看前面讲的“幂函数的微分公式”。对 $n = 1, 2, 3, \cdots$，根据公式可知

$$(x^n)' = nx^{n-1}$$

成立。

但是，内容并不是就此完结。实际上，当 n 是负数或分数，或者是 $\sqrt{2}$、π 等实数时，幂函数的微分公式也成立。

那么，为什么这个公式会成立呢？——当说到这里时，高中学习过的一个较难的概念就该出场了。

在我读高中的时候，老师就使用了 log 来解释幂函数的微分公式，说起来这个 log 到底是个什么东西啊！

一般都是这样教的。不过呢，即使不使用 log 这个大道具，也可以用乘积的微分公式来讲解。

我们再次改写“幂函数的微分公式”。

这次，对实数α（阿尔法）有以下公式成立。

$$(x^{\alpha})' = \alpha x^{\alpha-1}$$

这个公式没有正式的名称，要说起名字的话可以定为“扩展后的幂函数的微分公式”。

另外，这里使用符号α的理由是，α的数值不一定是$n = 1, 2, 3, \cdots$这样的自然数。如果写n的话，很容易让人联想到自然数，所以为了避免误解，使用α代替了n。

使用乘积的微分公式，我们可以推导出这个公式[9]。那么我们就使用“扩展后的幂函数的微分公式”，考虑当 $\alpha=\frac{1}{2}$ 时的情况。

首先，代入 $\alpha=\frac{1}{2}$，即为 $x^{\frac{1}{2}}$。$x^{\frac{1}{2}}$ 实际上和 $\sqrt{x}$ 相等。这是因为

$$\left(x^{\frac{1}{2}}\right)^2=x^{\frac{1}{2}\times 2}=x$$

即 $x^{\frac{1}{2}}$ 平方后等于 x，所以 $x^{\frac{1}{2}}$ 就是 $\sqrt{x}$。

因此，$x^{\frac{1}{2}}$ 的微分和 $\sqrt{x}$ 的微分相同。

平方根的性质是“平方后等同于原来的数”。例如，$\sqrt{2}$ 平方后就是 2（$\sqrt{2}\times\sqrt{2}=2$）。同样，

$$x=\sqrt{x}\times\sqrt{x}$$

应用乘积的微分公式，会得出以下结果。我们从 x 的微分等于 1 开始。

$$\begin{aligned}1&=x'\\&=(\sqrt{x}\times\sqrt{x})'\\&=(\sqrt{x})'\times\sqrt{x}+\sqrt{x}\times(\sqrt{x})'\\&=2\sqrt{x}\times(\sqrt{x})'\end{aligned}$$

两边除以 $2\sqrt{x}$ 得出

$$(\sqrt{x})'=\frac{1}{2\sqrt{x}}$$

$$\frac{1}{\sqrt{x}} = x^{-\frac{1}{2}} \qquad -\frac{1}{2} = \frac{1}{2} - 1$$

$$\frac{1}{2\sqrt{x}} = \frac{1}{2}x^{-\frac{1}{2}} = \frac{1}{2}x^{\frac{1}{2}-1}$$

α $\quad$ $\alpha-1$

如上变形后可知，当$\alpha = \frac{1}{2}$时，“扩展后的幂函数的微分公式”成立。

高中的教学体系中，使用了对数（log）来讲解“对数的微分”。但是，不使用对数的微分，而是使用乘积的微分公式，反而能更简单地理解其本质。

丰富多彩的函数世界

山峰和山谷

如果必须在电话中向别人传达图66中函数图像的形状，你应该怎么描述？

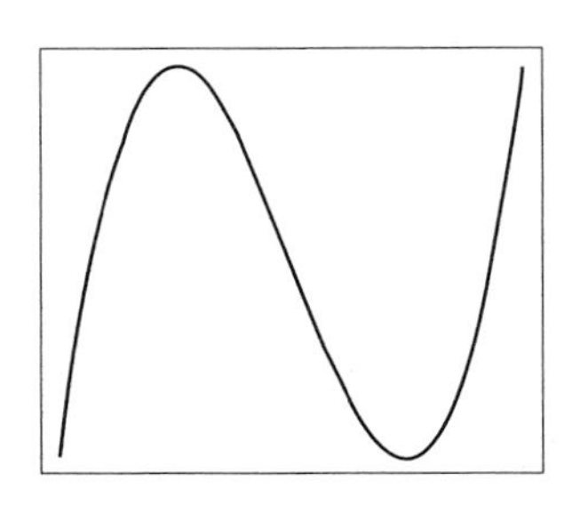

图 66　函数图像的形状是什么

用手机拍张照片发过去尚可传达，但是“口头”该怎么说明呢?

可以说“像秃了角的 N”吗?

这样大致可以描述。对方应该知道 N 的形状。N 的形状是“一座山峰，其右边是山谷”。

总之，决定函数图像形状“特征”的并不是所有点的数值。

重要的信息是“山峰”和“山谷”。

例如，如果描述一个函数的图像“像山谷、山峰、山谷这样变化”，你大概会粗略想象到图 67 中的形状吧。

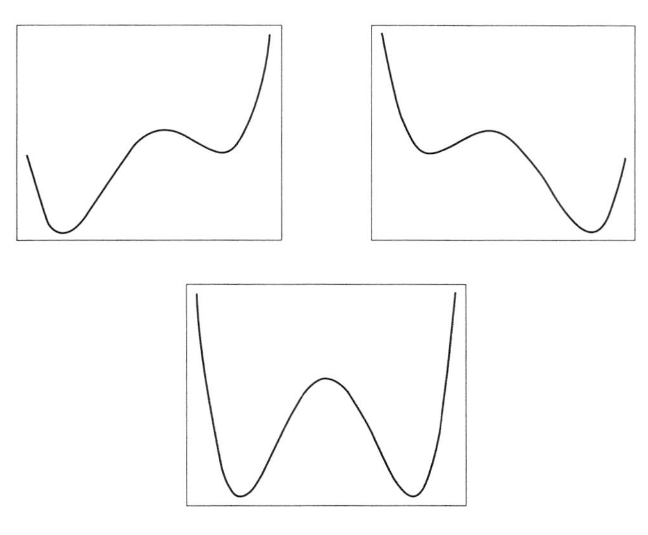

图 67　山谷、山峰、山谷

每个人想象的形状可能稍有不同，也不会完全准确，但都不会相差甚远。

现在再增加一些信息，如果知道山峰或者山谷的位置（x的坐标和y的坐标）、山峰的高度、山谷的深度，那么想象中的形状的差异也会慢慢消除。

比如说，口头上这样描述怎么样呢？

有一座$x=-1$的山谷，深度（y的坐标）为-1；

有一座$x=0$的山峰，高度（y的坐标）为3；

有一座$x=1$的山谷，深度（y的坐标）为-1。

除此之外没有山峰也没有山谷，如果这样表达，或许对方就可以描绘出函数的“形状”（函数图像大概的形状）了吧。

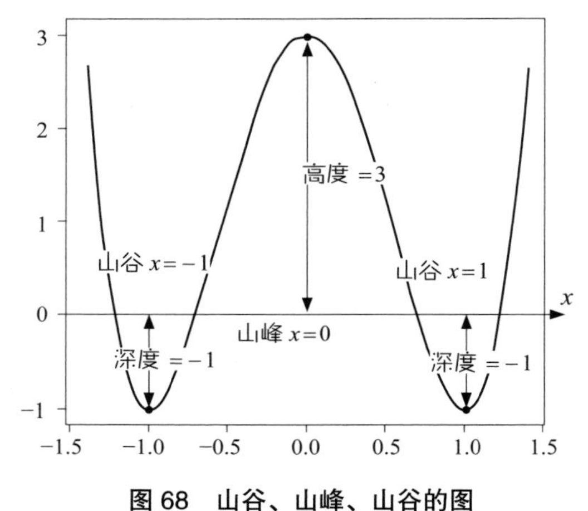

图 68　山谷、山峰、山谷的图

到这里，我们知道了函数的曲线形状可以准确地形象化。也就是说，我们在确定函数图像的形状时，并不需要看到函数图像的形状的所有信息（所有点的坐标）。确认函数图像的形状时看的不是形状本身，而是其特征。

详细来说，连接山峰和山谷的曲线存在无数条，我们不知道函数图像的精确形状。但是，仅凭山峰和山谷的信息就能知道其大体的形状。即使不知道所有函数的数值，也可以画出函数图像的大概形状。

了解切线

问题是“如何计算山峰和山谷”。为了得出答案，我们用图表示微分的“意思”。

前面已经说过，在$\frac{\Delta y}{\Delta x}$中，把$\Delta x$趋向于0时的值叫作微分（图69）。

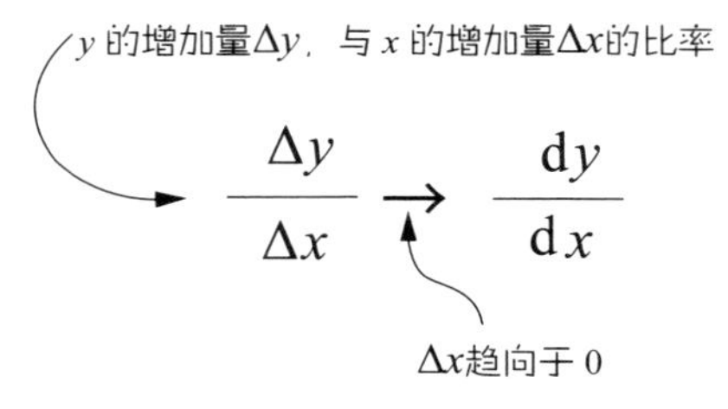

图69　微分的意思

将上述内容画出来的话，就如图70所示。

图70中粗线的斜率正好是

$$\frac{\Delta y}{\Delta x}$$

当 Δx 趋向于 0 时，粗线接近虚线。这条虚线叫作在点 P 处的切线。

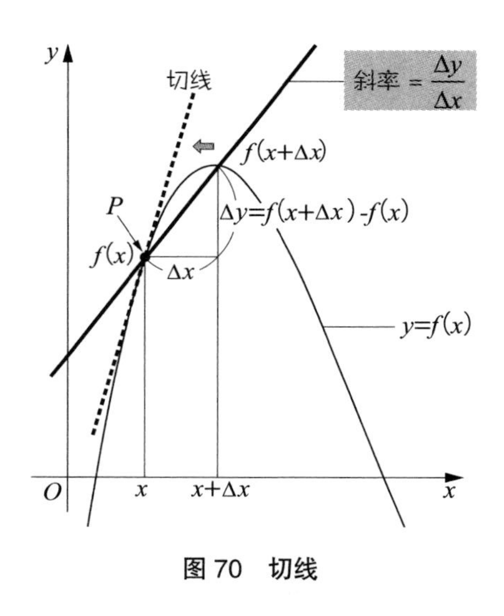

图 70　切线

在$\frac{\Delta y}{\Delta x}$中，$\Delta x$趋向于 0 时，即

$$\frac{\mathrm{d}y}{\mathrm{d}x}$$

是微分。这正好和“在点 P 处的切线”一致。微分是切线的斜率。

切线的斜率还有一层重要意义，即“可以捕捉函数图像的山峰和山谷”。我们来看看山峰和山谷处的切线斜率。

在登山时，切线的斜率为正。登上山顶后会下山，所以斜率变为负。在斜率从正变为负的山顶之处，切线的斜率正好是 0（图 71）。

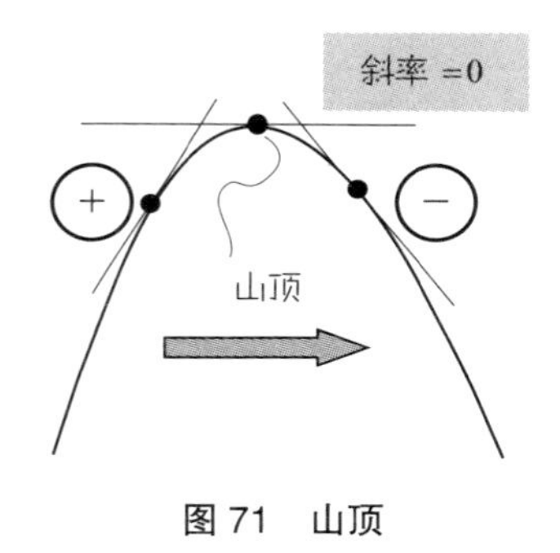

图 71　山顶

另一方面，山谷是什么情况呢？进入山谷时，切线的斜率为负。到达谷底后会开始上坡，所以斜率变为正。在斜率从负变为正的谷底，切线的斜率果然也是 0（图 72）。

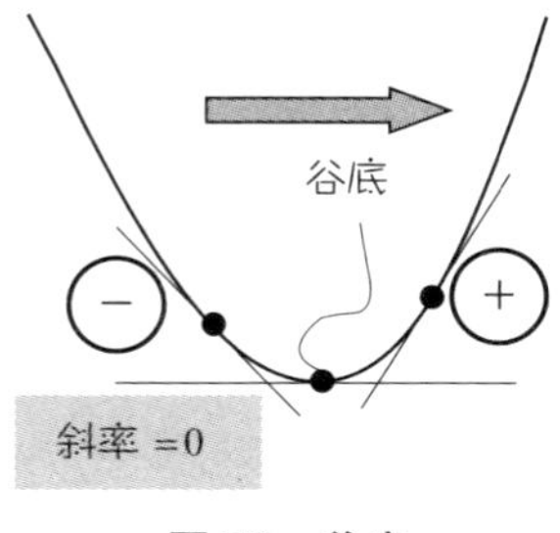

图 72　谷底

也就是说，“如果知道切线斜率为 0 的点，那么就可以确定山顶和谷底”。这就是使用微分法确定函数图像的山峰和山谷的原理。

总结一下，山顶、谷底附近的切线斜率变化如下：

（山顶附近）斜率为正 ⇒ 斜率为 0 ⇒ 斜率为负
（谷底附近）斜率为负 ⇒ 斜率为 0 ⇒ 斜率为正

需要注意的是，切线的斜率即使为 0，也存在“既不是山峰也不是山谷”的情况。

比如说在图 73 的情况下，虽然切线的斜率为 0，但此处既不是山峰也不是山谷。

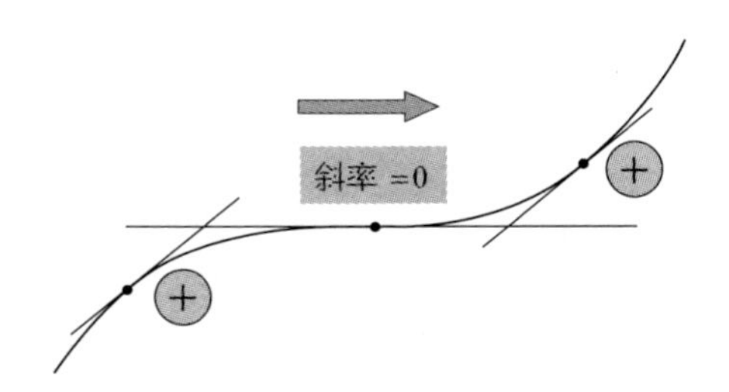

图 73　上坡的途中

在上坡的途中，有时会有一瞬间斜率为 0。

下坡时也一样，也会存在像图 74 这种情况。

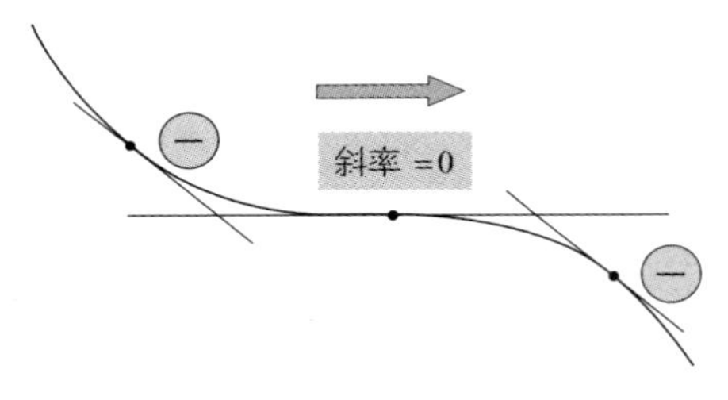

图 74　下坡的途中

也就是下坡途中斜率为 0 的情况。

像这样，在类似登山阶梯的“休息平台”上，切线的斜率一瞬间为 0。这里既不是山顶也不是谷底。所以，如果不综合斜率的整体变化来看，就无法确定函数图像的山峰和山谷。

虽说会出现上述情况，但是微分还是确定函数图像形状的强大工具。微分就像放大镜，可以让“函数图像的局部形状”浮现出来。

根据单调性表画函数图像

归纳函数性质时，最有用的工具就是微分。下面我们一起学习用微分确定函数斜率并画出函数图像的方法吧。

若能确定函数图像的山峰、山谷和休息平台的话，就能粗略知道其大致的形状，继而画出函数图像。

记录“函数图像的山峰、山谷和休息平台”的表格叫作**单调性表**，如表 2 所示。

表 2　函数单调性表

x	…	−1	…	0	…	1	…
$f'(x)$	+	0	+	0	−	0	+
$f(x)$	↗	−7	↗	0（极大）	↘	−23（极小）	↗

实际上，并没有规定说单调性表“必须要这样写”，但是很多简单的单调性表确实都这样来写。

（第一行）写 x 的范围。按顺序从小到大写 $f'(x)=0$ 时 x 的值。中间的值用“…”表示[10]。

（第二行）填上 $f'(x)$ 的符号或 0。

（第三行）填上 $f(x)$ 的变化。变化的写法如下所示：

当 $f'(x)$ 的符号为正时，写斜上方的箭头↗；

当 $f'(x)$ 的符号为负时，写斜下方的箭头↘；

当 $f'(x)=0$ 时，写上此时 $f(x)$ 对应的值（当其前后符号为↗↘时写上“极大（值）”；相反，符号为↘↗时写上“极小（值）”）。

“函数单调性表”听上去似乎很高级，但实际上就是这么朴实无华的东西。

另外，这里出现的“极大”“极小”词语比较容易被误解。极大的字面意思是“极其大”，极小是“极其小”的意思。

但是，这里并不是字面上的意思。极大值是“在这个点附近的最大值”，极小值是“在这个点附近的最小值”。

极大值的英语是 local maximum（局部最大值），极小值的英语是 local minimum（局部最小值）。如果用三个汉字表示的话，我认为“局大值”“局小值”的表述更合适。

那么，一旦函数的单调性表确定，绘出函数图像就是小菜一碟了。

根据单调性表，在图中画出微分为 0 的点的坐标（图 75）。在这里，有（-1，-7），（0，0），（1，-23）三个点。

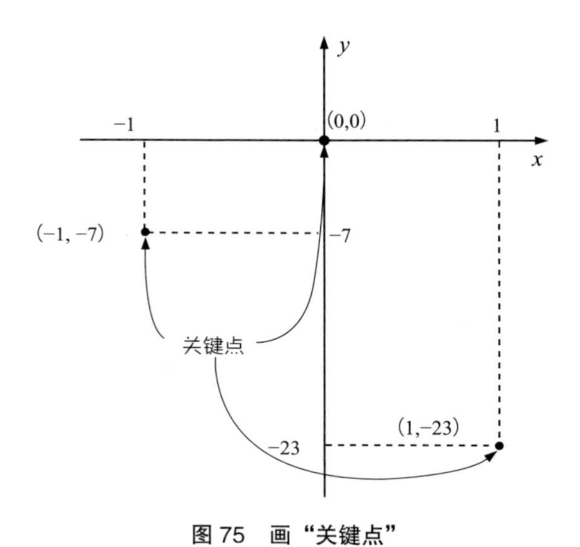

图 75　画“关键点”

把这些点看作“关键点”会比较容易理解，虽然这并不是正式名称。如字面意思所说，它们是“成为关键的点”。

把“关键点”在图中绘出，根据单调性表（表 2）的箭头方向，可以顺畅地连接各点。这样一来，图像就可以完成了（图 76）。为了便于理解，把极大值、极小值等画出来就更完美了。

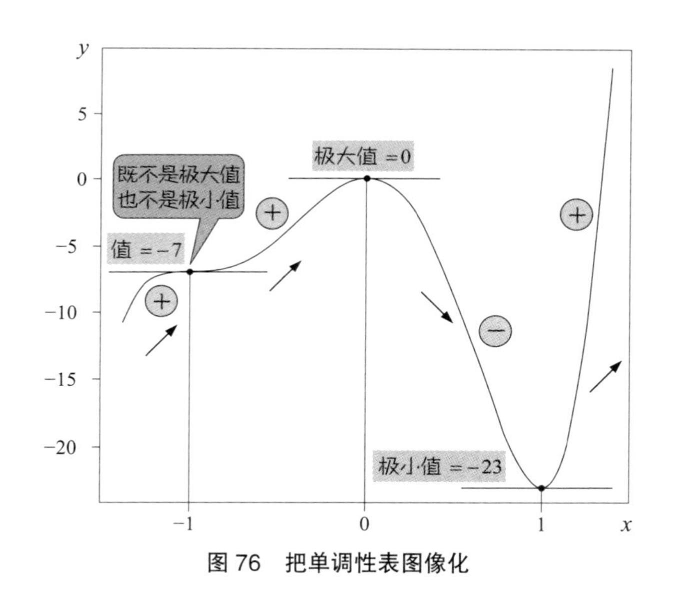

图 76　把单调性表图像化

最大值和最小值、极大值和极小值

在使用微分画函数图像时，应该注意这一点：切勿混淆最大值和极大值、最小值和极小值。

例如，求解物理学中“能源消耗最小化”以及经济学中“利润最大化”的问题时，我们在实际操作中很容易机械地去求解

$$\text{微分}=0$$

的方程式，认为计算出“关键点”就万事大吉，但这并不是正确的做法。

因为极大值不一定是最大值，极小值也不一定是最小值。正如刚刚解释的那样，极大值是“这个点附近”的最大值，当离开这一点后就不一定是最大值了。极小值也是如此。

比起这种说教式的讲解，看图更直观，请看图 77。

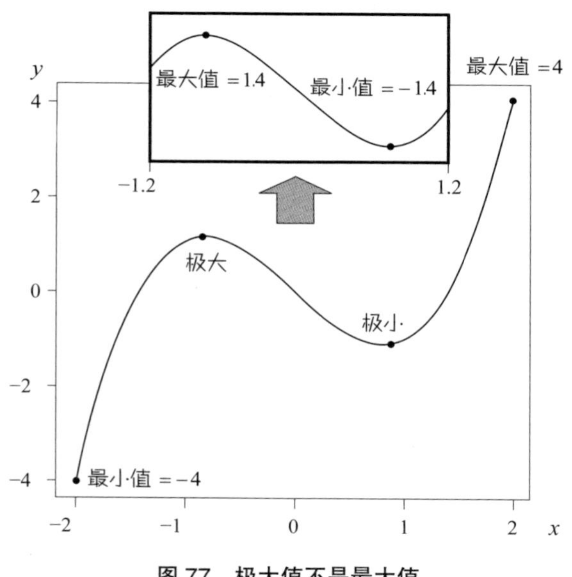

图 77　极大值不是最大值

例如，只看x值从 -1.2 到 $+1.2$ 范围的图像（图 77 上方的小框）部分，可以知道最大值为 1.4，最小值为 -1.4。但是，扩大x的范围，x值在 -2 到 $+2$ 范围中的最大值为 4，最小值为 -4。

也就是说，“如果范围改变，那么极大值有时不是最大值，极小值有时不是最小值”。最大值、最小值是根据x的范围变化而变化的。

手绘函数图像的意义

在高中的测验中，一定会出现画函数图像的考题。

但是，现在函数图像的绘制应非常便捷。本书中出现的大部分图像都是使用“R”（R 语言）这个软件绘制的。R 语言原本是处理统计数据的软件，它也可以画图。稍微掌握一些 R 语言知识的话，画图就没那么难。另外也有很多其他画图软件，使用其中任何一个都比手画得更好。

那么，特意手绘函数图像又有什么意义呢？

实际上，画图本身并没有特别的意义。之所以在试卷中出现画函数图像的考题，原因之一是函数图像可以考察考生是否记住了“通过微分了解函数的变化”。这与明明有计算器却还要背诵乘法口诀、练习笔算相似。不动手练习的话，知识点很快就会被遗忘，即使背诵了公式，实际上仍然不会应用。

画函数图像还有一个原因是教学上的便利。在微分的测试题中，让学生画函数图像是非常方便有效的出题方式。

要画函数图像，首先需确认“原函数能够微分”。在这里可以考查函数是否可以微分。接着，“有必要求出微分等于 0 时的 x 值”。在这里可以考查“微分 =0”的方程式是否可解，或者求出在这个点的函数值（极大值、极小值等）。然后，“有必要知道微分为 0 的点其周围微分符号的变化”。在这里可以考查对不等式的理解（稍微有些夸张）。在此基础上确认了可以画图之后，我们还需要集中注意力确认函数值的符号是否发生了变化等。例如，原本函数的值大于 0 求出来的结果却是负数，如果画出这种图的话，那就是注意力不集中造成的。

画这种函数图像需要具备综合能力。必须综合应用在学习微积分以前学习过的方程式、不等式、函数等知识。

在无法理解微积分的人群中，大概有一半人是因为在以前学习数学的过程中遗留下了很多未掌握的知识。这些未掌握的知识会成为学习微积分时背负的巨型十字架，让学习者的步伐变得沉重起来。

不会微积分的人有可能只是忘了以前学的知识。

那确实令人遗憾。不过我觉得这并不会让人理解不了微积分。

存在休息平台的函数

目前为止，我们已经讲解了很多关于函数图像的内容。但是，再进一步思考的话，我们就可以收获微分在实际应用中的价值，特别是“函数近似的相关知识”。

现在，我们使用之前讲解的求极大、极小等思考方法，以在高中画函数图像时一定会提到的计算**拐点**为素材，来思考一下“函数的近似 = 函数图像的局部形状”。

画函数图像时可以使用“微分 = 切线的斜率”这个知识点，即以直线（切线）对函数$f(x)$的图像进行近似。

但是，观察取极大值、极小值的点的附近，函数图像的形状会变成直线吗？并非如此，这些地方的形状反而是山峰、山谷。也就是说，仅凭切线并不能准确确定函数图像的形状。那应该怎么办才好呢？

在初中、高中学习过的图像是山峰、山谷状的函数中，最简单的就是“二次函数”（抛物线）了。那么，使用抛物线来模拟函数图像的形状怎么样？也就是说，在取极大值点的附近，“向上凸起的二次函数”比直线更能确切地表示函数的动态；在取极小值点的附近，使用“向下凹陷的二次函数”也同样更好。

在实际函数中使用抛物线模拟后，其图像就如图 78。

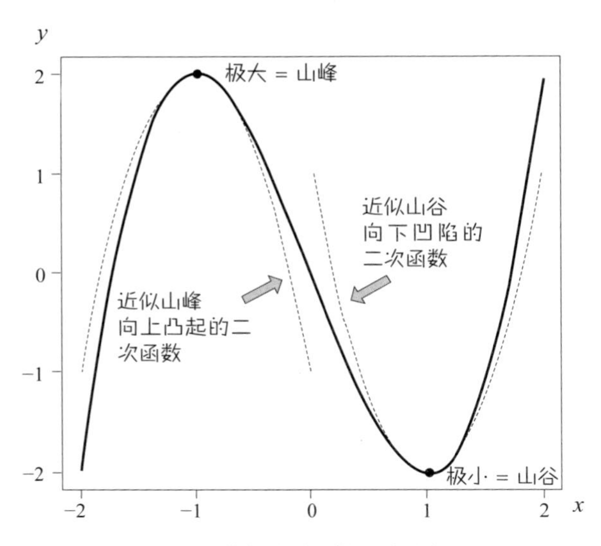

图 78　用抛物线对函数图像进行近似

近似的二次函数，是以函数的各个“关键点”为顶点的抛物线。当偏离“关键点”时，二次函数和实际函数的值的差异就会变大。但是，在山顶和谷底的附近，两条线差不多是重合的，几乎看不到差别。这就是近似的方法在起作用。

由简到难排列函数的话，有一次函数、二次函数、三次函数……次数每增加一次，其图像的形状就会变得更为复杂（图 79）。

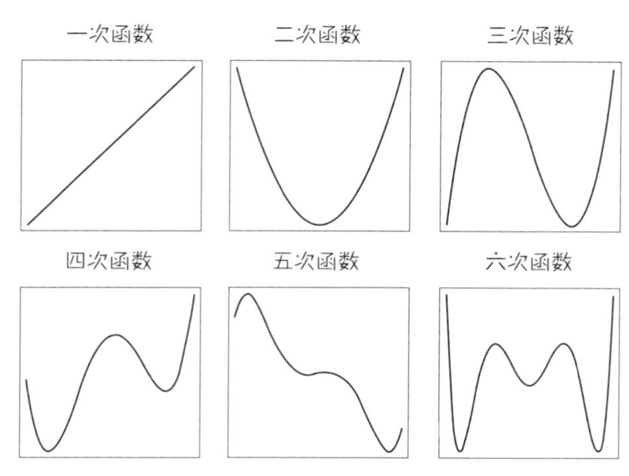

图 79　函数的次数与图像形状的复杂程度

下面，我们考虑用一次函数、二次函数、三次函数分别对函数 $f(x)$ 进行近似。不过，虽说是近似，但是也要根据具体位置和情况来选择，看用哪种函数近似更合适。如前文中图 78 所示，在山顶和谷底，二次函数比一次函数更近似原来的函数。所以，选取不同点的附近来考虑，出现的结果也会不同。

大部分情况下，使用一次函数、二次函数就可以捕捉到函数特征，但是也有例外，“休息平台”便是其中之一。

在图 80 中的休息平台（用圆圈圈住的部分）附近，可以用三次函数进行近似。图 80 左侧是$y=x^3$的图像，右侧是$y=-x^3$的图像。如果纵向伸缩圆圈的部分，那么就能近似出休息平台了。

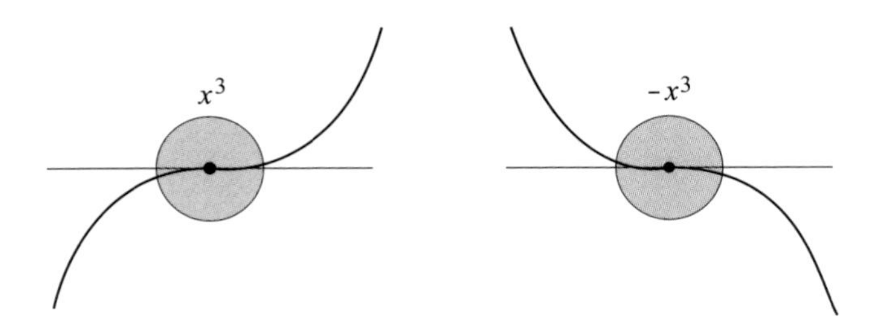

图 80　近似有休息平台的三次函数的图像

另外，图 81 中也有休息平台。虚线是对这个点附近（休息平台）进行近似的三次函数。三次函数确实最适合对该部分进行近似。山顶附近可以使用二次函数，但是休息平台部分只有使用三次函数才能顺利进行近似。

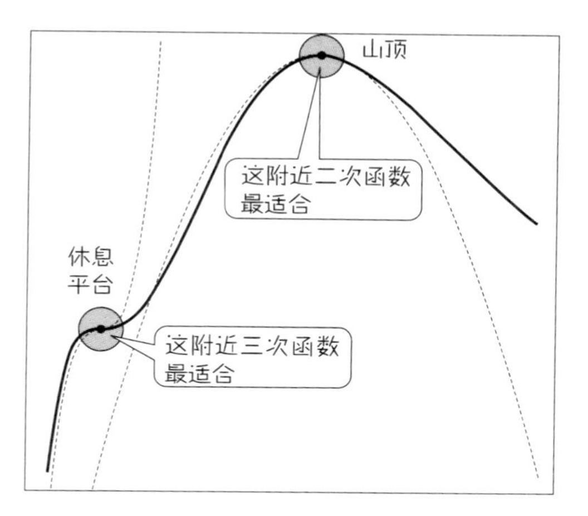

图 81　有休息平台的函数图像

除了休息平台，三次函数还有一个形状，见图 82。

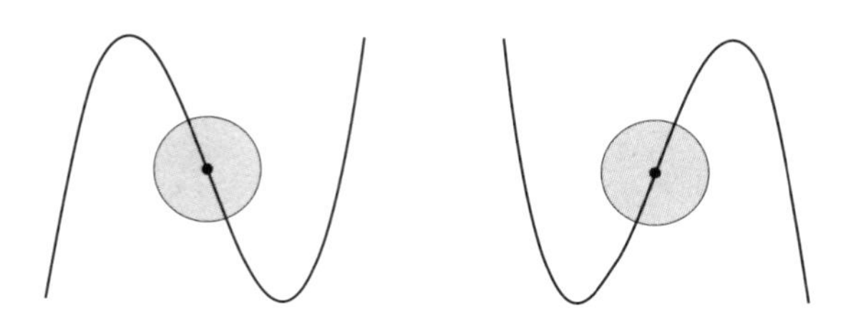

图 82　N 形和 И 形

图 82 中，左侧的图和字母 N 相似；右侧是 N 左右两边翻折后的形状，与俄语中的字母 И（[iː]）相似。这里，我擅自决定分别称

呼它们为“N 形”和“И 形”[11]。图 83 是“И 形”最合适的例子。

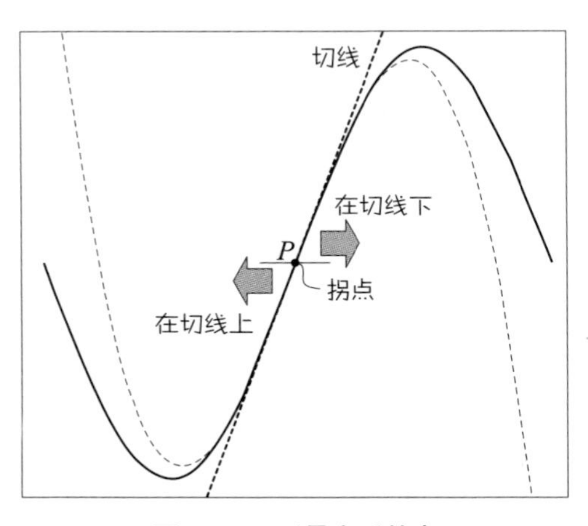

图 83　И 形最合适的点

图 83 中点 P 附近的图像，可以用切线进行近似。但是，如果观察切线和函数图像（曲线）的位置关系，就会发现“对于切线，左侧的点在切线上方，右侧的点在切线下方”。

另外，也存在与这种现象不符的例子（图 84）。

在图 84 的黑点附近，函数图像（曲线）在切线的上方。也就是说，在切点处，切线和曲线的上下关系没有变化。

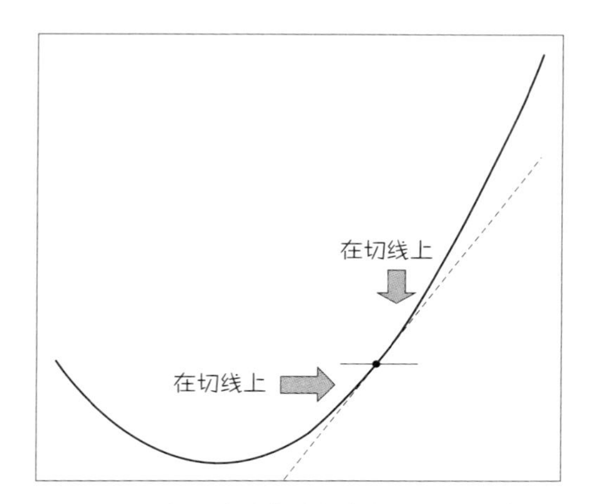

图 84　函数图像（曲线）在切线上方的情况

如图 83 所示，以某个点为边界，曲线和切线的上下位置关系发生转变的点叫作“拐点”。正如其字面意思，拐点就是“改变弯曲方向的点”。在拐点附近会形成休息平台形、N 形、И 形等图像，函数的变化方式也发生了改变。

另外，函数$f(x)$微分后的$f'(x)$表示切线的斜率，如果再次对其进行微分，就可以知道斜率的变化率，用式子表示为$f''(x)$。

通过 $f''(x)$这个式子，我们来具体分析拐点前后切线的斜率如何变化。当图像为 И 形时，因为“（斜率）慢慢变大”，所以“值慢慢变小”。也就是说，“斜率（微分）的变化率$f''(x)$”从正变为负。

当图像为 N 形时，情况则相反，$f''(x)$从负变为正。所以，在拐点处，斜率（微分）的变化率正好为 0。了解了这些，现在我们终于可以画出像样的函数图了。

上述的情况下，比起一次函数、二次函数，使用三次函数会更合适。图 83 中虚线处画的曲线使用的就是三次函数的图像，与原函数的图像极其近似。

在应用微积分时会出现图像形状复杂的函数，但是即使是复杂的函数，如果用一次、二次、三次函数对其进行近似的话，就可以大概计算出函数的值。例如，计算器计算三角函数的值时，使用的就是这种近似的方法。

有预谋地使用微分

理想的冰激凌蛋卷筒

小学时，我曾执着于一件事情，那就是如何把冰激凌的蛋卷筒塞满（图 85）。

图 85　冰激凌蛋卷筒

一般情况下，冰激凌都会在蛋卷筒之上，我会用舌头把冰激凌紧紧地往蛋卷筒里压。实际上，这么做并不能把冰激凌压进去多少。不吃冰激凌直接把它往蛋卷筒里压的话，冰激凌不会全部压进蛋卷筒里，总是会稍微多出来点儿。多余的冰激凌我当然会全部吃掉。

我无意中想到一个问题：能够完全装满冰激凌的蛋卷筒会是什么形状？

不管怎么说这都是小学生在想的东西，我们可以不用计算，而是实际去尝试做一下。

实验方法很简单。在厚纸板上用圆规画一个圆，然后画出图 86 中的扇形。圆的半径为 10 cm，这个数值是为了便于之后计算。

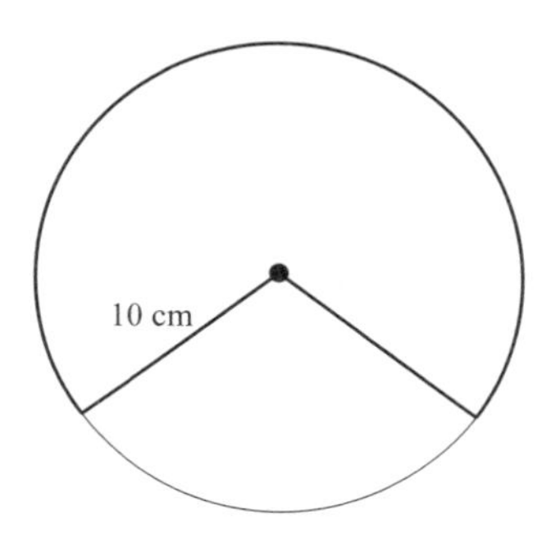

图 86　在厚纸板上用圆规画一个圆做成扇形

实际操作时，可以在厚纸板上画一个圆，然后从圆的边缘剪到圆心（图 87），之后卷成蛋卷筒形状，再用透明胶带固定黏贴处（图 88）。

图 87　裁剪圆纸板

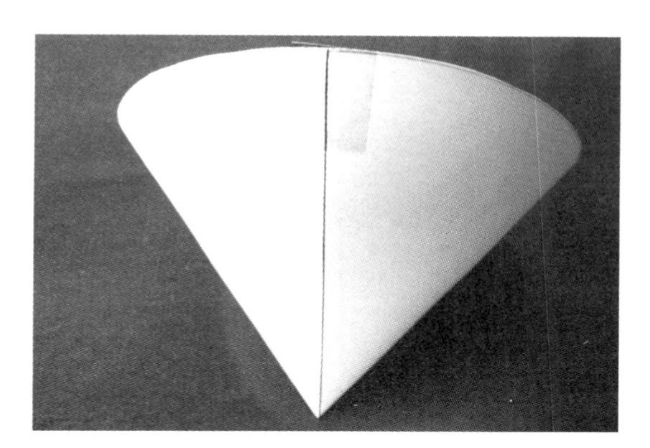

图 88　用透明胶带固定

图 89 是制作完成的蛋卷筒形模型。移动圆纸板的剪切处可以改变扇形的角度。在蛋卷筒里放入沙子（代替冰激凌），测量其容积。

图 89　从上方观察到的外观

多次尝试后，结果表明图 90 中这种较浅的蛋卷筒容积最大。

图 90　理想的冰激凌蛋卷筒?

比图 90 深或浅的蛋卷筒，容积都会变小。但是像图 90 这样的蛋卷筒，容积是最大了，深度却这么浅，甚至都不能称其为冰激凌蛋卷筒了吧？硬说的话，可以叫蓑笠。这个结果难道不是很意外吗？在直观上，难道不是再深一些的蛋卷筒会装下更多冰激凌吗？

这个实验采用的手法是朴素的“尝试制作”法，并没有准确求出底面的半径或者蛋筒卷的深度。毕竟是小学生的方法嘛。

但是，大人可以准确地解决这个疑问。我们来将这个问题模型化。

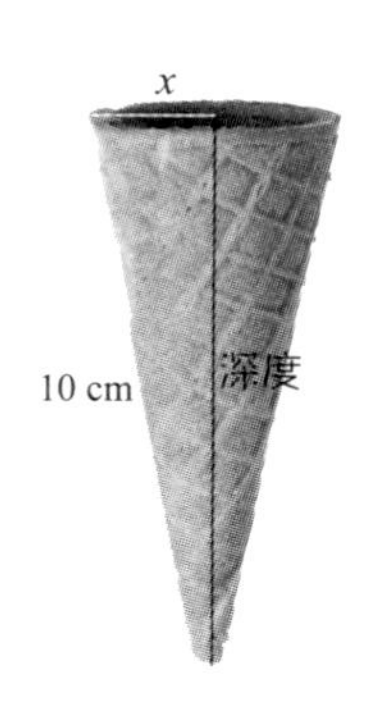

图 91　将问题模型化

首先，定义蛋卷筒底面的半径为x(cm)。根据勾股定理得出：

$$蛋卷筒深度=\sqrt{100-x^2}\,(\mathrm{cm})$$

为了便于讲解，这里忽略厚度，假设它等同于体积。底面的圆的面积为πx^2(cm)。

蛋卷筒的容积y可以使用圆锥体积公式来计算，即

$$底面积(\pi x^2)\times 高(深度=\sqrt{100-x^2})\times\frac{1}{3}$$

所以，

$$y=\frac{1}{3}\pi x^2\sqrt{100-x^2}$$

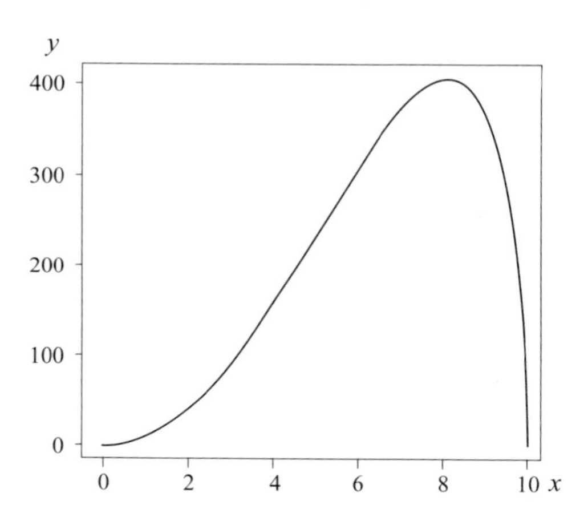

图 92　冰激凌蛋卷筒底面半径和容积的关系

使用电脑软件制作出冰激凌蛋卷筒底面半径和容积的关系图，见图 92。

从图中可知：底面半径大约为 8 cm 时，蛋卷筒的容积最大。但是，准确的值是多少呢？我们来计算一下。

有根号的话函数会变复杂，所以我们重新思考一下“容积最大”是什么意思。“容积最大”时，“容积的平方也最大”，反过来“容积的平方最大”时，“容积也最大”。

即，为了“求出 y 最大时的 x 值”，只需“求出 y^2 最大时的 x 值”。用平方来求解可以去除根号，便于计算。

因此，y^2可以写成

$$y^2=\frac{1}{9}\pi^2x^4(100-x^2)$$

$\frac{1}{9}\pi^2$是常数，不随x值的变化而变化，所以为了解开问题，只需计算出

$$f(x)=x^4(100-x^2)=100x^4-x^6$$

最大时的x值。

也就是说，只需要找出切线斜率为 0 处即可。换言之，计算$f'(x)$，求出$f'(x)=0$（微分$=0$）时的x值就可以了。

计算$f'(x)$时，可以使用如下性质：“相加后微分等同于微分后相加”“相减后微分等同于微分后相减”。

我简单解释下这些性质的意思。x只增加Δx时，如果函数g和h分别增加Δg、Δh，那么$g+h$增加的部分就是$\Delta g+\Delta h$（图 93）。

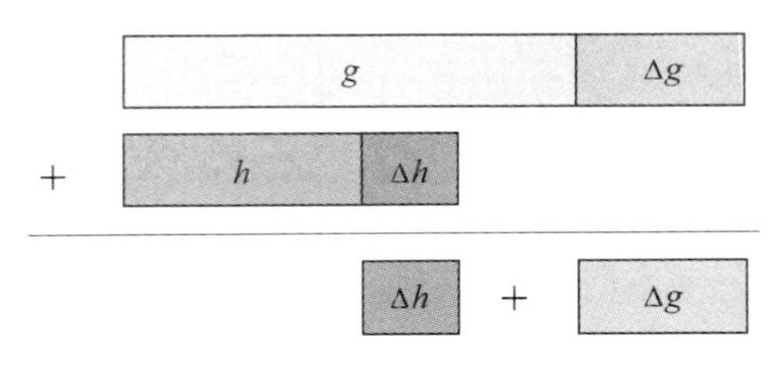

图 93　$g+h$增加的部分

$\Delta g + \Delta h$除以Δx，得到

$$\frac{\Delta g + \Delta h}{\Delta x} = \frac{\Delta g}{\Delta x} + \frac{\Delta h}{\Delta x}$$

这里Δx趋向于 0 的话，

$$\frac{\Delta g}{\Delta x} + \frac{\Delta h}{\Delta x} \rightarrow \frac{\mathrm{d}g}{\mathrm{d}x} + \frac{\mathrm{d}h}{\mathrm{d}x}$$

即“相加后微分等同于微分后相加”。同理减法也如此，“相减后微分等同于微分后相减”。

使用这些性质，根据前文中的“幂函数的微分公式”可知$(x^4)' = 4x^3$、$(x^6)' = 6x^5$，代入得出

$$f'(x) = 400x^3 - 6x^5 = x^3(400 - 6x^2)$$

求$f'(x)$为 0 时x的值，即

$$x^3(400 - 6x^2) = 0$$

因为，

$$0 < x < 10 \text{ cm}$$

所以，

$$400 - 6x^2 = 0$$

因此，

$$6x^2 = 400$$

即，

$$x^2 = \frac{200}{3}$$

所以

$$x = \sqrt{\frac{200}{3}} = 8.164\ 965\cdots \text{cm}$$

所得结果约等于8 cm。

根据得到的半径计算蛋卷筒深度，

$$\sqrt{100 - x^2} = \sqrt{\frac{100}{3}} = 5.773\ 502\cdots \text{cm}$$

所得结果约等于5.8 cm。按照计算出的数据，不改变原来比例来加工冰激凌蛋卷筒的话，形状如图 94 所示。

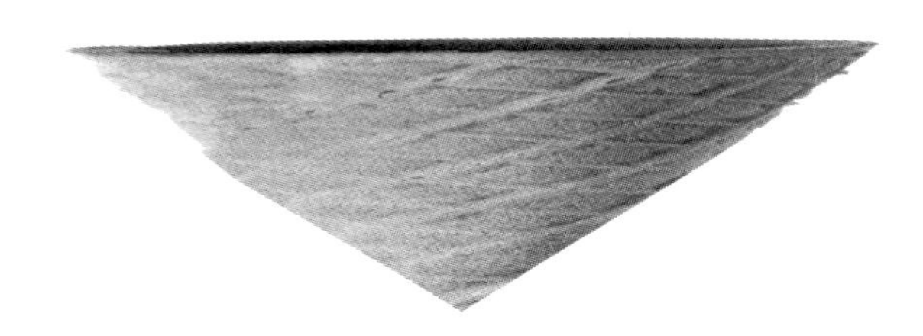

图 94　理想的冰激凌蛋卷筒的形状

我可不喜欢这样的冰激凌蛋卷筒，哈哈。

“忽略”与“不可忽略”的界线

在第 1 章中，各种各样的图形被分割成长方形、长方体或者圆板的组合，我们用这种方法介绍了面积、体积的“积分”计算方法。简言之，把图形分割得越小，面积、体积就与原来的图形越接近，这就是“变小的意义”。

与此相对，在第 2 章的微分中，我们介绍了“忽略稍微变化的部分”的方法。

也有读者会觉得这种方法很牵强。他们会纳闷，为什么“积分中较小的部分都有意义，而微分中就可以忽略较小的部分”？又应该如何把握忽略与不可忽略的尺度呢？

这种牵强感，其实是因为微积分带有“目的性”。使用微积分时，最重要的一点是为了实现目的而去忽略、近似较小的部分。使用微积分要怀揣此种“预谋”，实现我们的目的，进而得到结果。

微积分不是仅凭单纯的兴趣而发展起来的数学。微积分中出现的各种各样的概念或者计算技巧并不是毫无理由产生的，所有的概念、计算技巧中必定有某种目的。微积分是一门体系化的学问，不过实际上这是一个庞大的方法论集合。并不是说微积分没有深奥的内容，而是其大部分内容都是："如果这样来想的话，就可以顺利得出答案。"

高中学习过微积分的人，大概会隐约有这种感觉：使用这个公式解题会顺利得出结果，但这是纯粹的方法论，几乎不能说明顺利解开题目的理由。即使是高级微积分（分析学）也一样，越研究就越能够强烈感受到，微积分存在某种"目的性"。

微积分的真相是，重视或舍弃较小的部分，都不是随性而为，而是为了能够推动问题"数学式"前进，所以才这样做。重视某个部分，是因为它能为后面的计算提供便利。是否忽略较小的部分，判断的标准是"该部分是否能够为解题带来积极成果"。微积分，就是这种"结果主义"。

第 3 章 探寻微积分的可能性

1800 年后的真相

反军队式学习法

制作散寿司（ちらし寿司）非常麻烦。要先做醋拌饭，然后烹煮配菜。为组合各种食材，从制作的前一天就要开始采购，并悉心处理、加工。这是一项非常需要耐心的工作。

但是，因为制作者知道为达成目标需要去做哪些事情，即便步骤繁杂，也能胸有成竹、有条不紊。这个过程中，最重要的是制作者观念中“成型散寿司”的形象。如果不告知目的是“制作散寿司”，就强迫人去费劲儿处理康吉鳗、窝斑鰶——无论忍耐力多强的人，都会感到厌烦吧。

学校里教授微积分的方法和后者相近。优先并毫无遗漏地传授之后才会使用的知识。当万事俱备后，就以“之前学过这个知识了，接下来我们就使用这种方法”的方式往下学习。直到最后也不告诉学生这些方法的“意义”，而是生硬地把学生推到目的地。

可以说这是军队式的讲解方法。

说得难听了啊，这种方式也是有好处的吧？

军队式讲解方法的优点在于，必要时可以把已经学过的知识作为前提来讲解新的内容。这种方法很适合编写教科书，既可以节约纸张页数，又能缩短解释时间，对于要求在短时间内教授更多知识的学校教学体系，这种方法可以说是一种合适的选择。

但是，如果站在学习者的立场来看，情况就会发生变化。这种教学方法会让学习者在不知道终点的情况下一直往前奔跑。虽说这是学习者的义务，但是没有“目的”的学习，还是稍微有些辛苦的。

因此，本书尽可能用“解决问题型”的方法来讲解。如前文所述，微积分中存在某种“目的”，因此肯定存在应该解决的具体问题。

在本章中，我们来一起重新思考那些“学校里讲过但又总是无法理解的知识”，并逐步去抓住微积分的本质。

伟大的发现会成为未来的常识

“微积分的基本定理”是微积分的重要知识。打比方来说，这就相当于金枪鱼中珍贵的鱼腩部分。高中的教科书里一般都会涉及这方面的内容，比如“微分和积分互为逆运算”等。

这个表述确实没有错误。如果说是否正确，那当然是对的。

微积分的基本定理是“微分和积分互为逆运算”。这究竟是什么意思?

嗯，这种表述似乎未能传达出这个定理的深意。从积分法被发现到牛顿归纳出微积分学，期间约有 1800 年的时间，这个定理深意可绝非如字面那般轻描淡写。

“微分和积分互为逆运算”这句话表述有些过于简洁，它具体的意思是什么呢？我非常希望大家能理解其本质。

大家是否曾觉得圆和球是相似的东西？关于圆和球存在以下表述：

（1）“圆的面积”的微分就是“圆的周长”；

（2）“球的体积”的微分就是“球的表面积”。

这些表述有些让人摸不着头脑，果真如此吗？

（1）半径为r的圆的面积是

$$\pi r^2$$

对r微分后得出

$$2\pi r$$

这与半径为r的圆周长完全一样。

（2）半径为r的球的体积是

$$\frac{4}{3}\pi r^3$$

对r微分后得出

$$4\pi r^2$$

这是半径为r的球的表面积。

咦，我似乎被狐狸精迷住了。这是偶然事件吗?

实际上并不是偶然出现的。我们这里不仅通过计算，也通过图来讲解一下。这样对于上述关系就可以一目了然了。

（1）设半径为r的圆（圆板）的面积是关于r的函数：

$$S(r)=\pi r^2$$

依照我们的老办法，现在思考“圆的半径增加Δr时，面积会增加多少”。

请观察图 95 中的大圆。圆的半径增加Δr时，哪里会增加呢?

增加的部分是薄圆环。这个环状面积大致可以表示为：

$$\text{圆的周长}\times\Delta r$$

即面积增加的部分（ΔS）为

$$\Delta S\approx\text{圆的周长}\times\Delta r$$

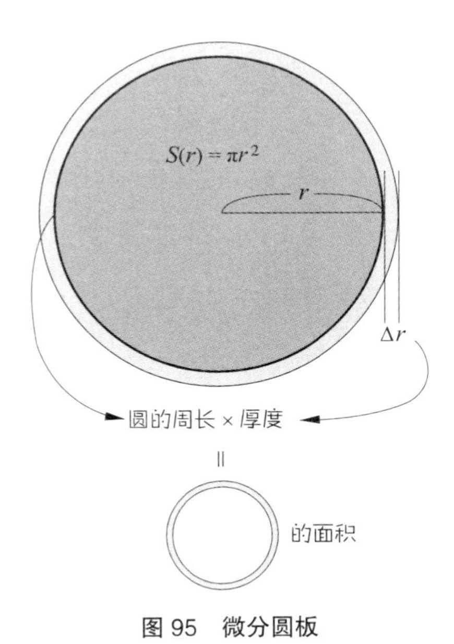

图 95　微分圆板

在这里，出现了一个符号“约等于”（≈）。因为外侧圆的周长稍微比内侧圆的周长大一些。虽说有必要使用约等于号，但是总会让人觉得不严谨。如果可以的话，还是尽可能转化为等号。

因此，首先将式子的两边除以Δr，因为

$$\frac{\Delta S}{\Delta r}\approx \text{圆的周长}$$

取$\Delta r\to 0$时$\dfrac{\Delta S}{\Delta r}$的极限。这样一来，去掉“约”，即为

$$\frac{\mathrm{d}S}{\mathrm{d}r}=\text{圆的周长}$$

所以“圆的面积”的微分=“圆的周长”成立。

（2）我们用和（1）相同的思路来思考“球的体积”的微分=“球的表面积”。

半径为r的球的体积为

$$V(r)=\frac{4}{3}\pi r^3$$

与圆的情况一样，我们来思考“球的半径增加Δr时，体积会增加多少”。

根据图96可知，体积增加的部分是球外侧很薄的那一部分皮。假设球为乒乓球，可以说增加的部分是用赛璐珞做成的部分（乒乓球本身）。为了便于观察，图96中的球体增加了较为夸张的厚度。这层薄皮的体积大致为

$$\text{球的表面积}\times\Delta r$$

也就是说，体积增加的部分ΔV为

$$\Delta V\approx\text{球的表面积}\times\Delta r$$

和圆的做法一样，两边除以Δr，取$\Delta r\to 0$时$\frac{\Delta V}{\Delta r}$的极限，得到

$$\frac{dV}{dr} = 球的表面积$$

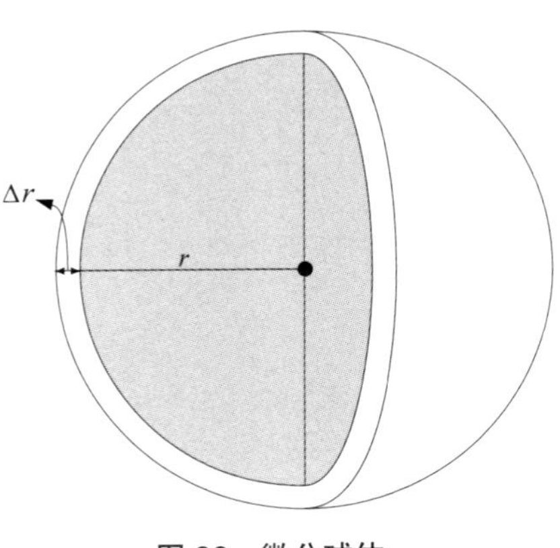

图 96　微分球体

与刚刚的“圆的面积”的微分是“圆的周长”同理，可知“球的体积”的微分 = “球的表面积”成立。

根据以上证明可知，本节开篇所讲（1）、（2）虽然让人觉得不可思议，但确实都是成立的。

实际上，这个关系就是“微积分的基本定理”。在第 1 章和第 2 章中，我们分别讲解了积分和微分，但是这其实是从不同的角度讲解了相同的内容。详细来说即为以下内容。

第一，我们可以认为“圆面积的微分”最终就是（在使 Δr 趋向于 0 的极限情况下）把圆分割成薄圆环状。也就是说，粗略来讲的话，微分就是**从圆板上多个同心圆之间排列的薄圆环中，取出 1 个薄圆环**。另一方面，积分则是**累加极薄圆环的面积从而求出圆的面积**（图 97）。

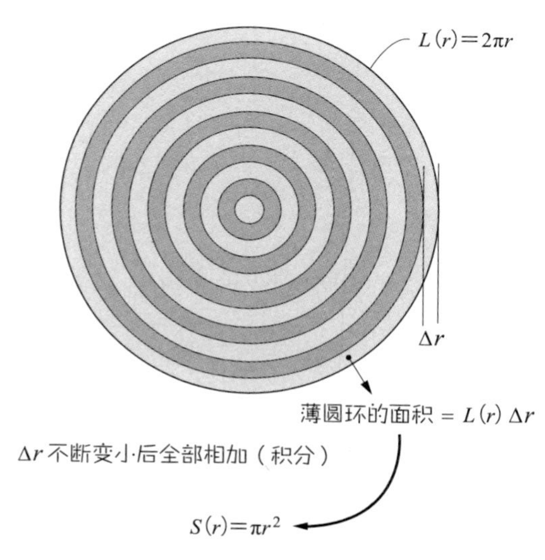

图 97　累加薄圆环的面积

圆环的面积（$\approx L(r)\Delta r$）等于圆的周长乘以 Δr，累加所有圆环面积就是圆的面积。所以圆的面积 πr^2 等于

$$\pi r^2 = \int_0^r L(r)\mathrm{d}r = \int_0^r 2\pi r\mathrm{d}r$$

即

$$\int_0^r 2\pi r \mathrm{d}r = \pi r^2$$

成立。将式子两边除以2π，得出

$$\int_0^r r \mathrm{d}r = \frac{1}{2} r^2$$

第二，关于球的内容，累加“表面积$\times \Delta r$”，就能求出球整体的体积。所以

$$\int_0^r 4\pi r^2 \mathrm{d}r = \frac{4}{3}\pi r^3$$

成立。将式子两边除以4π，得出

$$\int_0^r r^2 \mathrm{d}r = \frac{1}{3} r^3$$

把微分公式

$$(r^2)' = 2r$$

$$(r^3)' = 3r^2$$

代入，得出积分公式

$$\int_0^r r \mathrm{d}r = \frac{1}{2} r^2$$

$$\int_0^r r^2 \mathrm{d}r = \frac{1}{3} r^3$$

即“分割”成较小部分的操作是微分，相反，“累加”较小部分的操作是积分（图 98）。

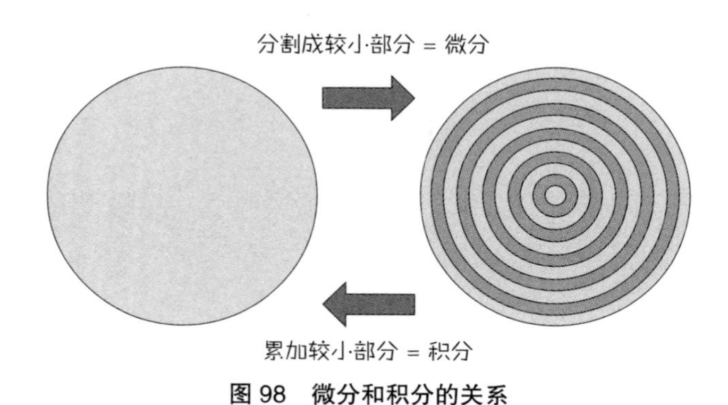

图 98　微分和积分的关系

微分和积分就像硬币的正反面，是完全相反的关系。

基本定理的使用方法

真正理解了“微积分的基本定理”，就会觉得这东西并不复杂。但是，这个定理的厉害之处在于应用范围很广。虽然看起来很普通，但是很实用。

比如说“幂函数的微分公式”是

$$(x^{\alpha})' = \alpha x^{\alpha-1}$$

我们以此来尝试推导“幂函数的积分公式”。

根据微积分的基本定理可知，幂函数的微分公式的意思可以用图 99 来表示。

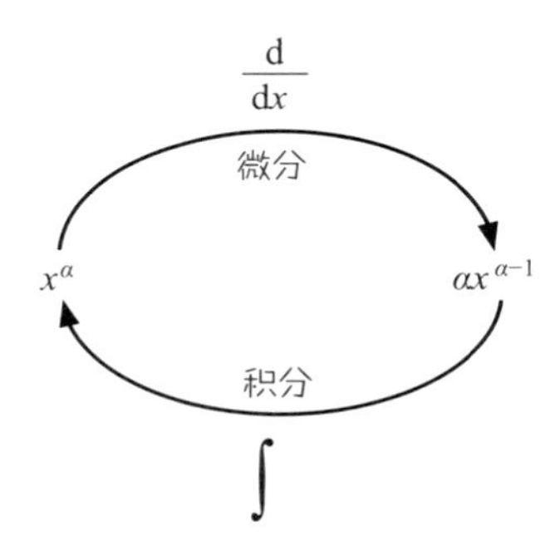

图 99 从幂函数的微分公式推出积分公式

即幂函数的微分公式的意思是：

$\alpha x^{\alpha-1}$的积分是x^{α}

改变α的值就可以不断列举出：

$3x^2$的积分是x^3

$4x^3$的积分是x^4

……

把这些式子（也可以说是句子）依次分别除以 3、4，可以得出：

$$x^2\text{的积分是}\frac{1}{3}x^3$$

$$x^3\text{的积分是}\frac{1}{4}x^4$$

积分式子即使无限地写下去，其意思也十分简单。

也就是说，一般“指数增加 1”后写在分母和x的右上角，即

$$x^\beta\text{的积分是}\frac{1}{\beta+1}x^{\beta+1}$$

但是，有一点必须要注意。

实际上到目前为止，我们使用“积分”这个词时，意思是有些不清晰的。比如说，在刚刚解释的幂函数中，微分$\frac{1}{\beta+1}x^{\beta+1}$可以得到$x^\beta$。

但是，还存在其他函数，其微分结果也为x^β。这里，我们漏掉了微分得 0 的函数。问题就在于此。即如果将

$$\frac{1}{\beta+1}x^{\beta+1}+\text{（微分得 0 的函数）}$$

微分的话，其结果也得x^β。

“微分得 0 的函数”也就是“没有变化的函数”，这种函数叫作

“常数函数”。常数函数的斜率为 0，即对于任何 x 值函数的结果都相同。设常数函数值为 C，则可以写成

$$y = f(x) = C$$

如图 100 所示，常数函数的函数值没有变化。其中的常数 C，可以是 100，可以是 -50，也可以是 10 万亿。重要的是 C “没有变化”，而不是数值本身是大是小。

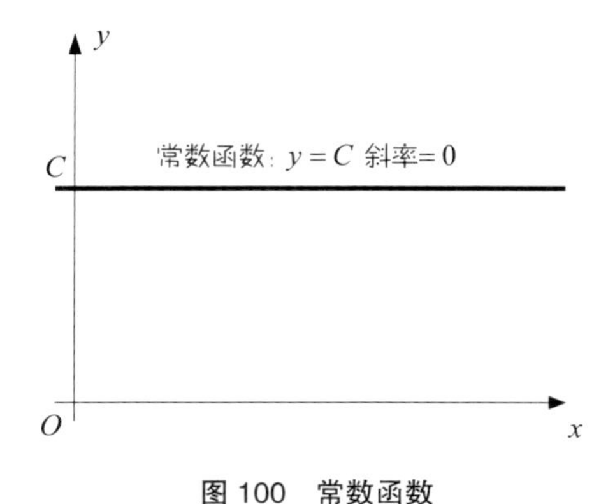

图 100　常数函数

那么，我现在稍微整理一下之前的知识点。x^{β} 的积分是 $\frac{1}{\beta+1}x^{\beta+1}+C$。用符号表示为

$$\int x^{\beta}\mathrm{d}x = \frac{1}{\beta+1}x^{\beta+1}+C$$

这是**幂函数的积分公式**。

对$f(x)$的微分进行积分得出的函数，叫作“$f(x)$的原函数”，写作$F(x)$，即

$$\int f(x)\mathrm{d}x = F(x) + C$$

原函数中始终存在“一项不定数值 C（不定项）”。在这里，“通过积分求出原函数”，这叫作**不定积分**。相反，像之前提到求取面积或者体积的积分，叫作**定积分**。不定积分和定积分不同，原则上不写“从哪里到哪里的积分”。

多出的这个 C，就像多余的装饰品让人无法平静，不过可以不用在意。因为在计算面积等问题时，C 就会消失。

例如，图 101 中灰色部分的面积，用定积分符号表示的话，写作

$$\int_a^b f(x)\mathrm{d}x$$

这个定积分的值为

$$\int_a^b f(x)\mathrm{d}x = \left[x = b \text{ 时不定积分的值}\right] - \left[x = a \text{ 时不定积分的值}\right]$$

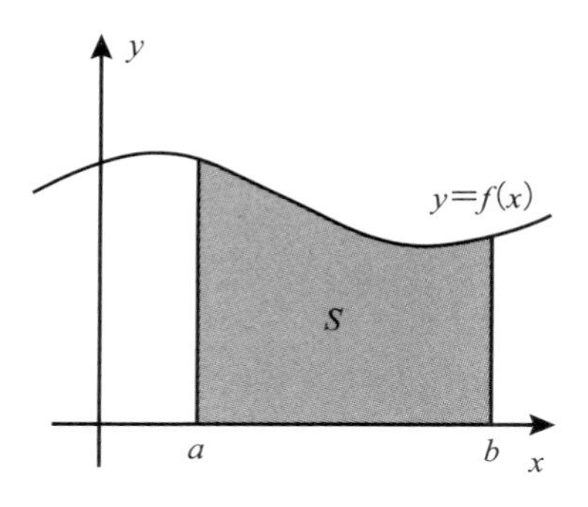

图 101　定积分

因此，正如我们所知，$f(x)=x^{\beta}$的不定积分是

$$\frac{1}{\beta+1}x^{\beta+1}+C$$

计算其面积为

$$\int_a^b x^{\beta}\mathrm{d}x=\left(\frac{1}{\beta+1}b^{\beta+1}+C\right)-\left(\frac{1}{\beta+1}a^{\beta+1}+C\right)=\frac{1}{\beta+1}b^{\beta+1}-\frac{1}{\beta+1}a^{\beta+1}$$

这样，C 通过相减就消除了。

真的吗？式子好长，看不懂。

那么我们来看两个例子。先来看比较易懂的梯形面积。

这里有一条向右上方倾斜 45° 的直线$y=x$。从$x=1$到$x=2$之间的面积是多少（图 102）？

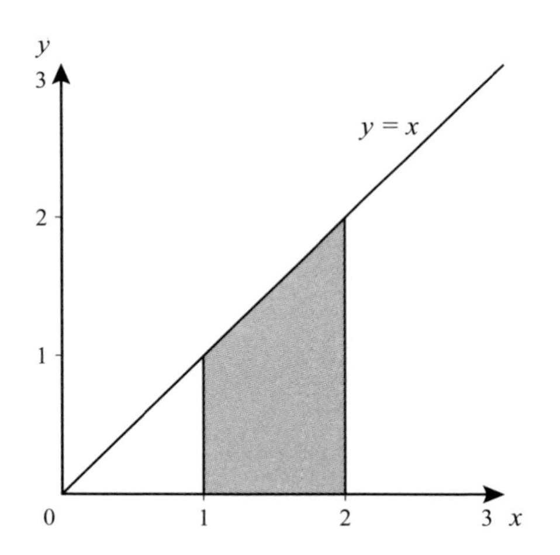

图 102　用积分公式计算面积（直线的例子）

因为灰色部分是梯形，所以可以用（上底+下底）×高÷2 的公式计算面积。图中的梯形往左边倾倒，上底的值为$x=1$时y的值，$y=x=1$。下底也一样，为$x=2$时y的值，$y=x=2$。高是$2-1=1$，

所以面积是

$$（上底+下底）\times 高 \div 2=(1+2)\times 1\div 2=\frac{3}{2}$$

另一方面，使用积分公式可得

$$\int_1^2 x^1 \mathrm{d}x=\frac{1}{1+1}2^{1+1}-\frac{1}{1+1}1^{1+1}=\frac{3}{2}$$

这与梯形面积公式计算出来的结果完全相等。

下面，我们来看抛物线的例子。

图 103 是抛物线$y=x^2$的部分图像。计算从$x=1$到$x=2$的面积。这次的图无法再使用“梯形面积公式”，所以只能使用积分。

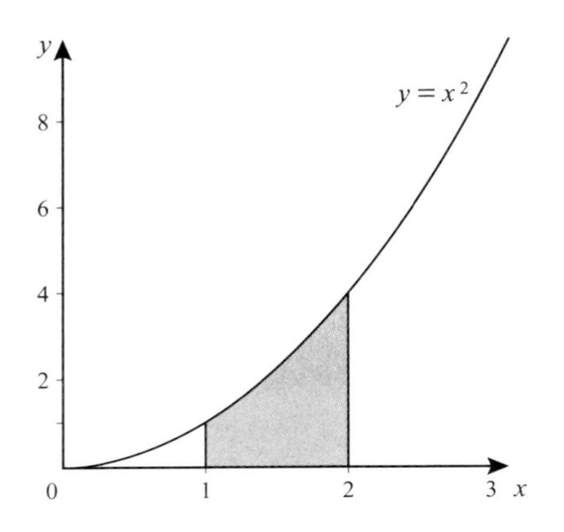

图 103　用积分公式计算面积（抛物线的例子）

套用积分公式得出

$$\int_1^2 x^2 \mathrm{d}x = \frac{1}{2+1}2^{2+1} - \frac{1}{2+1}1^{2+1} = \frac{7}{3}$$

看，一瞬间就可以得出答案。没有积分似乎很难计算出来。不得不说，积分真是太厉害了。

顺便说一下，前文说到圆的面积、球的表面积时出现了公式

$$\int_0^r r\mathrm{d}r = \frac{1}{2}r^2$$

$$\int_0^r r^2\mathrm{d}r = \frac{1}{3}r^3$$

这里只是把x换成了r，是幂函数的积分公式的特殊情况（分别为$\beta=1$、$\beta=2$）。

填坑

自然常数从何而来

我的一名学生（大学理科毕业生）曾发邮件问我："自然常数，究竟是什么？"自然常数指的是这个数：

$$e = 2.718\ 281\ 828\ 459\ 045\ 235\ 360\ 287\ 471\ 352\cdots$$

日本的高中微积分的教科书（《数学Ⅲ》）对自然常数的解释是，刻意考虑人为的极限，其极限值就是自然常数。给我写信的这名学生虽然记住了自然常数的“定义”。但是，他始终还是搞不明白这东西，于是向我提问：“为什么数学中会出现这种奇怪的数，我想知道原因。”

如上所述，自然常数的数值大约是 2.7。在实际应用中把它取 2.7 来用也不会有什么麻烦。

但是，与此同时，自然常数是数学所至之处的“贵客”。其重要性和圆周率 π 不相上下，甚至更胜一筹。

下面我们就尝试来解答“自然常数从何而来”这个大命题。自然常数为何会出现？它为何是数学中重要的常数之一？这些问题都和微分积分有密不可分的关系。与此相关的知识点在日本高中的授课中被一笔带过，但是这是一个值得认真思考的深刻问题。

自然常数之所以让人觉得不好理解，并不是因为那串莫名其妙的数字组合。

例如，圆周率 π 的3.141 592…同样也是一串无限的数字组合，但我们很清楚 π 从何而来，它是半径为 1 的圆的面积。圆周率来自于圆。

$\sqrt{2}$ 也写作1.41 421 356…，但我们也了解它的意思。可以说“它是平方后等于 2 的数”，也可以认为它是图 104 中的等腰直角三角形斜边的长度。

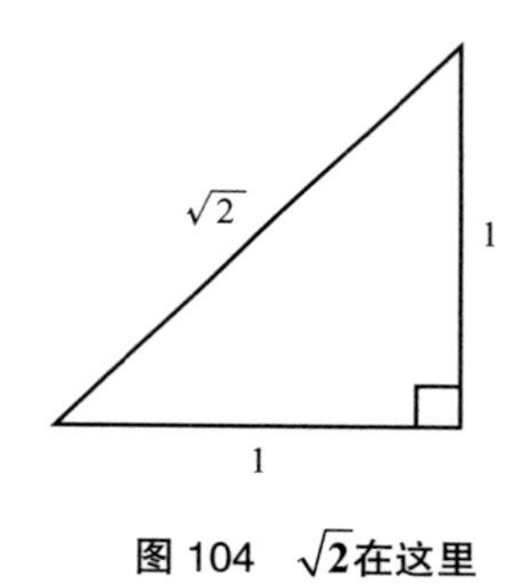

图 104　$\sqrt{2}$在这里

但是，自然常数从何而来？它到底有什么意义？

实际上，要说“为什么在这里谈论自然常数”，那是因为自然常数和刚才讲的面积公式有关。

如第 157 页中的内容所述，$x=a$ 到 $x=b$ 范围内，$y=x^{\beta}$ 的面积可以用幂函数的积分公式表示，即

$$\int_a^b x^{\beta}\mathrm{d}x=\frac{1}{\beta+1}b^{\beta+1}-\frac{1}{\beta+1}a^{\beta+1}$$

这个公式在后文中也会多次出现，为了方便，我们称之为“幂

函数的定积分公式”。但是，这个公式存在一个很大的问题，即当$\beta=-1$时，求

$$x^{\beta}=x^{-1}=\frac{1}{x}$$

的积分时，右边的分母是0，导致无法求解。

难道有必要在意这些细节吗？

$y=\frac{1}{x}$是反比例函数。反比例函数可以说是寿司中的虾，是非常重要的基础内容。如果连这类基本的函数都不能积分的话，将会出现很多麻烦。

例如，图105中灰色的部分。

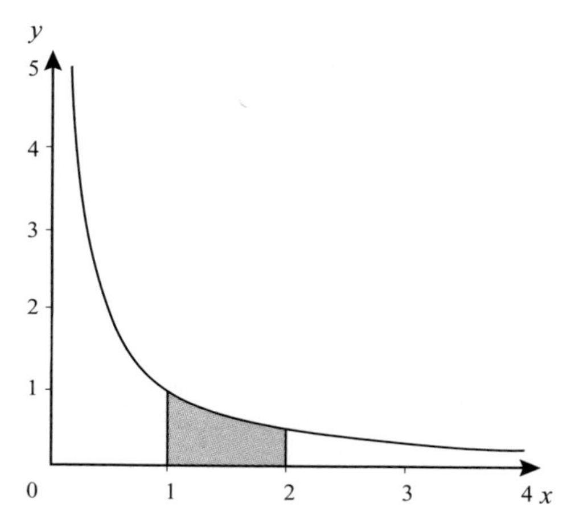

图 105　反比例函数中 x 从 1 到 2 的面积

这部分的面积不能用公式表示，十分不方便。但是我们可以使用自然常数表示灰色部分的面积。

无限接近于精确的值

如果没有自然常数的话，这时只能计算面积的近似值。例如，求图 105 中灰色部分的面积，可以使用 β 不等于 -1 时的幂函数的定积分公式

$$\int_1^2 x^\beta \mathrm{d}x = \frac{1}{\beta+1}2^{\beta+1} - \frac{1}{\beta+1}$$

假设β是趋向于-1的数，这时可以计算出大概的值。

比如让β是$-1.000\ 01$的话，可以得出

$$\frac{1}{-1.000\ 01+1}2^{-1.000\ 01+1}-\frac{1}{-1.000\ 01+1}=0.693\ 144\ 7\cdots$$

假设让β是$-0.999\ 99$的话，可以得出

$$\frac{1}{-0.999\ 99+1}2^{-0.999\ 99+1}-\frac{1}{-0.999\ 99+1}=0.693\ 149\ 5\cdots$$

从这里我们可以断定“灰色部分的面积比0.693 144 7⋯大，比0.693 149 5⋯小”[12]。

这个例子计算了x为 1 到 2 范围的面积，在一般情况下，如“从 1 到x的积分值是多少”，我们也能大概得出。

在图 106 中，我用软件绘出了β为不同值时的图像。

这里有 4 个要点值得注意。

（1）不论β值是多少，当$x=1$时函数等于 0。因此无论β如何移动，黑色圆点岿然不动。

（2）β比-1大，当β不断趋向于-1时，曲线从左往右弯曲。

（3）β比-1小，当β不断趋向于-1时，曲线从右往左弯曲。

（4）当β极其趋向于-1时（$\beta=-1+0.000\ 1$），可以得到图中用实线表示的曲线。但是当β再次趋向于-1时，曲线几乎不发生变动。

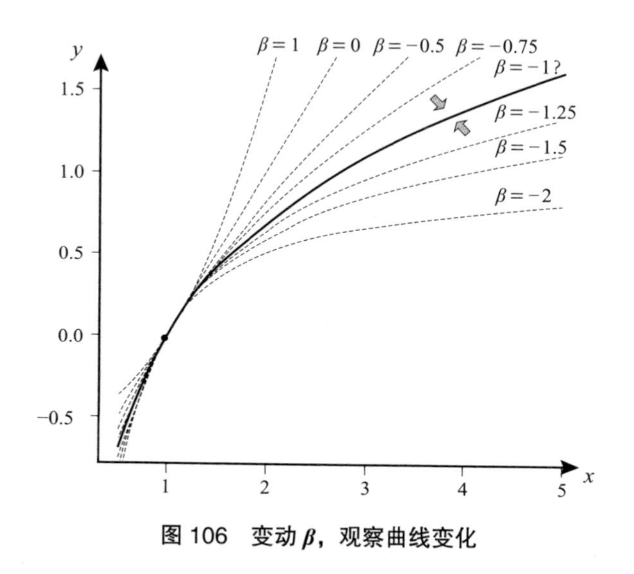

图 106　变动 β，观察曲线变化

以上结果可以得出“当 $\beta=-1$ 时，积分是这条实线”。另外，在这之前我们常常使用到“极限”这个词，用图像表示 β 趋向于 -1 的极限的话，就是图 106 中的实线。

关键在于根号

哦，总算是看懂这个图像了，太好了。

等一下。虽然我们现在已经快讲到自然常数，但是还有其他事要做。考虑到之后的讲解，我们最好能把自然常数用算式表示出来。

虽说如此，用算式表示自然常数还是比较困难的。之前的思路似乎难以实现，现在我们来换一种思维方式。

能给我们带来启示的是$\sqrt{2}$。把$\sqrt{2}$写成小数的话是

$$\sqrt{2}=1.414\ 213\ 56\cdots$$

这看上去非常不利索。

但是，如果把$\sqrt{2}$看作是平方后为2的数，就好多了。即假设$\sqrt{2}$为y，则有

$$y^2=2$$

不仅是$\sqrt{2}$，$\sqrt{3}$、$\sqrt{5}$也可同样处理，平方后分别等于3、5。即如果y是$\sqrt{x}$，则有

$$y^2=x$$

开方是“平方的逆运算”[13]。

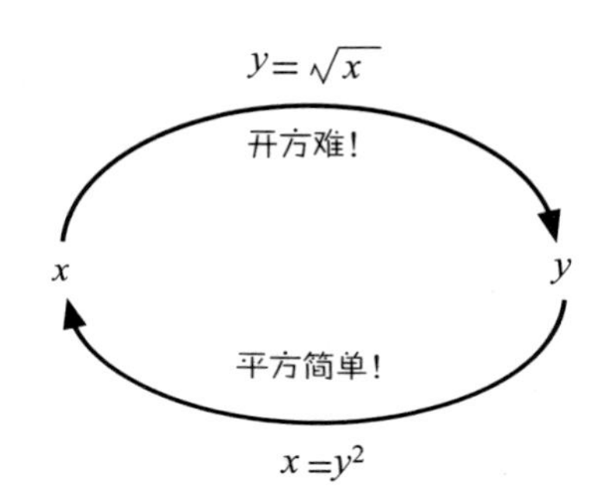

图 107　处理根号较困难，但平方简单

计算 2 的平方很简单，但是相反，计算$\sqrt{2}$就有些费劲儿了。（也有一种开平方的计算方法，大概现在知道的人已经不多，但其计算的复杂程度依然丝毫不减。）当然，使用计算器也可以一瞬间计算出开平方，实际上开平方的运算在计算器中的计算过程也是相当复杂的。

这里重要的信息是：求开方比较复杂，但平方简单。

我们通过逆运算的转换，可以控制计算的难度。这种思路正是解答“自然常数从何而来”的线索。

在此之前，我们是通过确定x，去求与之对应的面积y。

这里我们转换一下思路，首先确定面积y，然后去尝试求出x（图 108）。

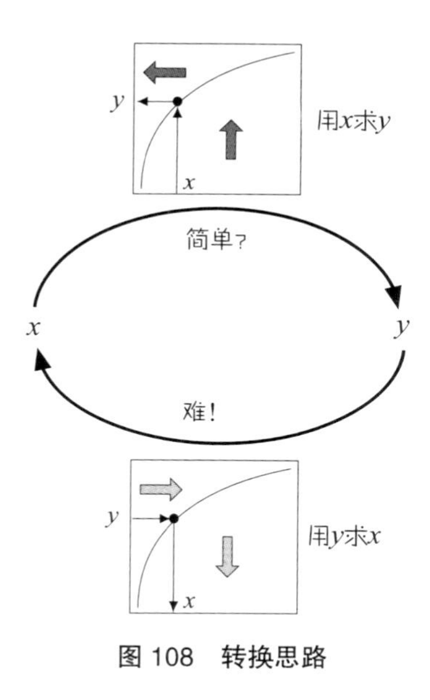

图 108　转换思路

为了使意思更加清晰，我们在这里使用算式来表示。大家先简单浏览一下即可。

转换思路能行得通吗

第 162 页中的幂函数的定积分公式

$$\int_a^b x^{\beta}\mathrm{d}x = \frac{1}{\beta+1}b^{\beta+1} - \frac{1}{\beta+1}a^{\beta+1}$$

中存在的问题是，当 β 为 -1 时，分母为 0。

那么我们以"$\sqrt{2}$的思路"为线索来尝试转换思路。即变为在当$a=1$、$b=x$时的公式

$$\int_1^x x^\beta \mathrm{d}x = \frac{1}{\beta+1}x^{\beta+1} - \frac{1}{\beta+1} = \frac{x^{\beta+1}-1}{\beta+1}$$

中，β极其趋向于-1时，计算

$$\frac{x^{\beta+1}-1}{\beta+1} = y$$

时的x值，这样一来问题就变简单了。

计算x值乍一看似乎不容易，但是如果分步骤来计算的话，并不困难。在此，我们按照以下两个步骤来思考。

1. 暂且先计算"$y=1$时的x"；
2. 接着考虑"一般情况下的y（不一定是$y=1$）对应的x"。

首先求第一步"$y=1$（面积为1）时的x"。β极其趋向于-1时，可得

$$\frac{x^{\beta+1}-1}{\beta+1} \approx 1$$

将式子两边乘以$\beta+1$，可得

$$x^{\beta+1}-1 \approx \beta+1$$

移项−1得出

$$x^{\beta+1} \approx 1+(\beta+1)$$

接着，我们再想办法把这个式子变成“x的等式”。

为此，可以在式子两边取“$\beta+1$的根”。图 109 是取“$\beta+1$根”的方法。

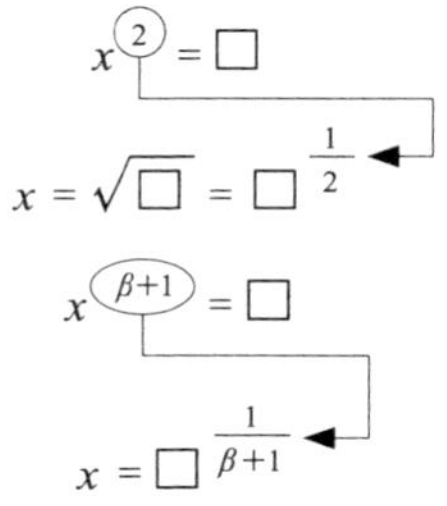

$$x^{2} = \square$$

$$x = \sqrt{\square} = \square^{\frac{1}{2}}$$

$$x^{\beta+1} = \square$$

$$x = \square^{\frac{1}{\beta+1}}$$

图 109　变形成 x 的等式

把$x^2 = \square$的式子转化为x的等式，则有

$$x = \sqrt{\square} = \square^{\frac{1}{2}}$$

这里平方得 2，变成□的$\frac{1}{2}$次方。同理，把

$$x^{\beta+1} = \square$$

转化为 x 的等式，得到

$$x = \square^{\frac{1}{\beta+1}}$$

所以，把

$$x^{\beta+1} \approx 1 + (\beta + 1)$$

的式子转化为 x 的等式，得到

$$x \approx (1 + (\beta + 1))^{\frac{1}{\beta+1}}$$

为了让式子看起来更简洁，这里令 $t = \beta + 1$，β趋向于-1时，t趋向于 0，所以使用极限求x，可以写成

$$x = \lim_{t \to 0}(1 + t)^{\frac{1}{t}}$$

下面我们就继续计算x的值。计算极限值，在这种情况下就是让t的取值不断变小，来计算x的值。使用软件计算后，结果见表 3。

表 3　t值变小取极限

t	$(1+t)^{\frac{1}{t}}$
1	2.0
0.1	2.593 742

（续）

t	$(1+t)^{\frac{1}{t}}$
0.01	2.704 814
0.001	2.716 924
0.000 1	2.718 146

我们可以得出这个极限值[14]的准确值为

$$e = 2.718\ 281\ 828\ 459\ 045\ 235\ 360\ 287\ 471\ 352\cdots$$

即，在$f(x)=\dfrac{1}{x}$的图像中，当面积是 1 时的$\int_1^x \dfrac{1}{x}\,dx$中$x$的值为 e。

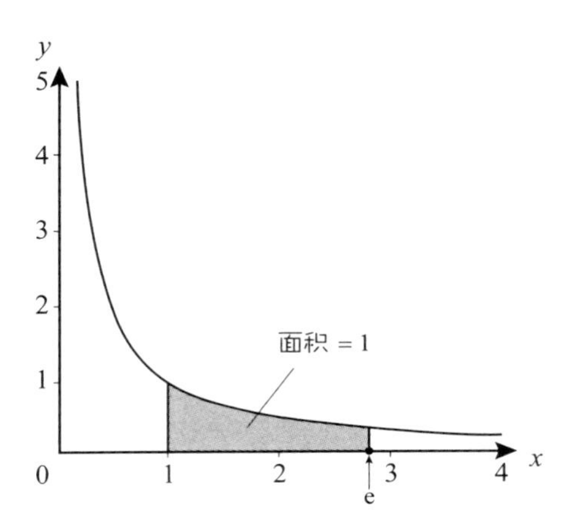

图 110　e 的图形意义

啊，e 终于出场了。

这就是自然常数。自然常数不仅是微积分中的重要常数，在概率论（概率分布）、统计学（可信区间的计算、验证假设）、物理学（物体运动等）、化学（化学反应的速度等）、机械工程学（悬置、控制等）、电气电子工程学（电路方程式等）、经济学（利息计算等）等领域中也是经常出现的重要常数。

实际上，自然常数非常长。把小数点后的数字逐一写出来效率很低，而且也没有必要。因此，我们习惯上使用e这个符号表示极限值的准确值。

我们在自然常数中可以取出近似值。虽然我们无法得知自然常数的所有位数，但可以在必要范围内取出正确的数值。

这种情况还有其他例子，例如虽然圆周率π的位数的世界纪录会时常刷新，但是基本上没人知道π必要范围外的数值。不过，因为（在原理上）可以知道必要位数的正确数值，所以在实际使用中取近似值也没有大问题。

指数函数出现了

我们已经求出了“$y=1$时的x”值。下面我们来计算第二步，“一般情况下的y（不一定是$y=1$）对应的x”。

前面我们已经讲过，如果用式子表示“一般的y（不一定是$y=1$）对应的x”，就能得出之前不使用极限就无法表示的“反比例函数积分公式”。

计算的基本思路和计算$y=1$时的思路一样。

$$\frac{x^{\beta+1}-1}{\beta+1}\approx y$$

即将上述式子转化为关于求解x的式子。

具体方法和第 170 页相同，首先将式子两边乘以$\beta+1$，得出

$$x^{\beta+1}-1\approx y(\beta+1)$$

移项-1得出

$$x^{\beta+1}\approx 1+y(\beta+1)$$

式子两边取$\beta+1$的根，得出求解x的式子

$$x \approx (1+y(\beta+1))^{\frac{1}{\beta+1}}$$

在这里，令

$$t = y(\beta+1)$$

可以得出

$$\frac{1}{\beta+1} = \frac{y}{t}$$

代入得出下面的式子

$$x \approx (1+t)^{\frac{y}{t}} = \left\{(1+t)^{\frac{1}{t}}\right\}^{y}$$

当β趋向于-1时，$\beta+1$趋向于 0，所以

$$t = y(\beta+1) \to 0$$

在前文的式子中，使用$t \to 0$的极限可得出x的等式

$$x = \lim_{t\to 0}\left\{(1+t)^{\frac{1}{t}}\right\}^{y} = \mathrm{e}^{y}$$

在这里，当t趋向于 0 时，$\{\ \}$里的式子会趋向于自然常数e，即可以写成

$$\lim_{t\to 0}(1+t)^{\frac{1}{t}} = \mathrm{e}$$

把式子简洁地写出后，我们可以发现x和y存在如下关系。

$x = e^y$

真是单纯的关系！

也就是说，当认为x是关于y的函数时，其关系就变成了自然常数e的几次方。例如，对于$y=2$，$x=e^2=7.389\ 056\cdots$，对于$y=-1$，$x=e^{-1}=\frac{1}{e}=0.367\ 879\ 4\cdots$。

现在，我们来看看x关于y的函数（$x=e^y$）的图像（图 111）。

图像向右上大幅度变陡峭，仿佛人生的道路一般。

需要注意的是，这个图像的横轴为y，竖轴为x。这种表示“某个数的几次方”的关系的函数叫作**指数函数**。

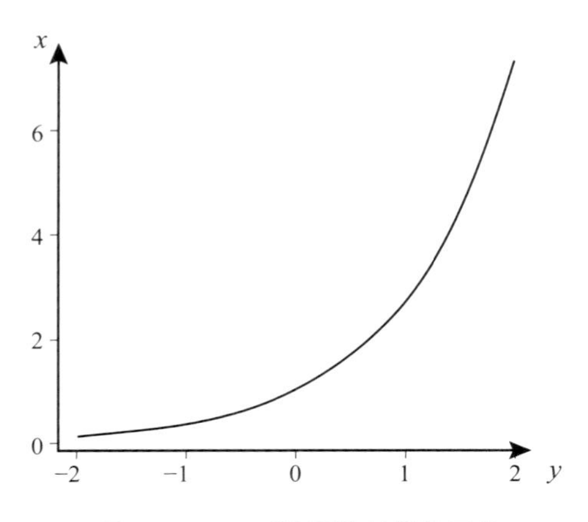

图 111　$x = e^y$的图像是指数函数

指数函数的特征是，增长速度非常剧烈。在$x=e^y$中，计算不同y值时的x，从表 4 的结果中，我们就可以感受到这种剧烈的变化速度。

表 4　指数函数增长剧烈

y	x
1	2.718 28
2	7.389 06
3	20.085 54
4	54.598 15

y增加 1，x会增加约 2.7 倍。y为 4 时，x大约是 55。总之，增长速度剧烈、迅猛。这就是指数函数。

让关系更清晰

最后，我们来看一看关于y的等式的图像。前面我们一直在讲关于x的等式的内容，差点儿忘了原本的目的，我们的最终目的是求关于y的等式。

我知道了关于 x 的等式不就好了吗?

不，使用关于 x 的等式太绕弯儿了，就像是用“某种条件下的某某”的形式来表示关系。例如，比起说我像“提出相对论的那个人”，说我像“爱因斯坦”不是更直接吗?

讨论关于y的等式，如果不用符号会很不方便，所以将满足

$$x=\mathrm{e}^{y}$$

关系的函数，使用一个新符号转化为关于y的函数，写成

$$y=\log x$$

$y=\log x$叫作**对数函数**。读作“对数x”。log是logarithm（对数）的简称，是发现自然常数e的数学家纳皮尔创造的词语，源于希腊语logos（比、逻辑）和arithmos（数、算术）的结合。

log符号的意思是把包含自然常数的式子$x=\mathrm{e}^{y}$转化为关于y的等式。习惯上不写出自然常数，但如果添上的话也可以写作

$$\log_e x$$

对数函数（$y = \log x$）的图像如图 112 所示。

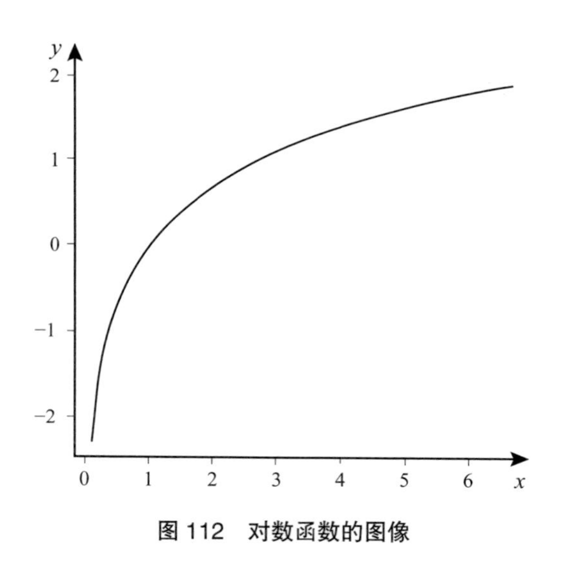

图 112　对数函数的图像

大家是否注意到，图 112 和图 111 有一些相似？是的。图 111 沿直线$y = x$翻折后的形状和图 112 一样。从图 112 可知，x增加时，y也几乎不增加（增加速度缓慢）。

$x = e^y$是关于y的指数函数，$y = \log x$是关于x的对数函数。指数函数和对数函数，是对相同内容的互逆表达。

总结以上内容，当β趋向于-1时，可得

$$\int_1^x x^{\beta}\mathrm{d}x = \frac{x^{\beta+1}-1}{\beta+1} \to \log x$$

在这里，可以得出“反比例积分公式”[15]。

$$\int_1^x x^{-1}\mathrm{d}x = \int_1^x \frac{1}{x}\,\mathrm{d}x = \log x$$

即，图 105 中反比例图像从 1 到 2 的面积（定积分的值）为

$$\int_1^2 \frac{1}{x}\mathrm{d}x = \log 2$$

忙活了大半天，终于见到成果了。

我们的努力有意义吧。稍微重新研究一下得到的结果，还可以得出更大的成果。

唯一一个微分后不会发生变化的函数

我们目前得到的成果是“指数函数的微分公式”和“指数函数的积分公式”。

现在再回顾一下前面的内容，看会不会有什么新发现。将

$$x = \mathrm{e}^y$$

变换成关于y的等式

$$y = \log x$$

求$\frac{1}{x}$的积分，得到$y = \log x$，根据微积分的基本定理可知，调换[16]

$$\frac{\mathrm{d}y}{\mathrm{d}x} = \frac{1}{x}$$

的分母分子得出

$$\frac{\mathrm{d}x}{\mathrm{d}y} = x$$

代入$x = \mathrm{e}^y$可得

$$\frac{\mathrm{d}}{\mathrm{d}y}(\mathrm{e}^y) = \mathrm{e}^y$$

把y改写成x，用符号表示微分得出

$$(\mathrm{e}^x)' = \mathrm{e}^x$$

即指数函数即使微分也不会发生变化。自然常数 e 原来有这种单纯朴素的性质！实际上，微分不发生变化的函数只有y=e^x。

为了之后也可以使用，我们把这个公式稍微一般化。

用e^{ax}取代e^x，我们对其微分。不同之处是右上角的指数从x变成了ax。微分时，x增加1，ax则增加了a，所以它的微分也增加了a倍。因此，可以得出指数函数的微分公式为

$$(e^{ax})' = ae^{ax}$$

再次使用微积分的基本定理，积分ae^{ax}后得出e^{ax}，所以

$$\int ae^{ax}dx = e^{ax} + C$$

将式子两边除以a，因为$\frac{C}{a}$是常数，所以为了简便我们仍定义它为C，就可以得出指数函数的积分公式

$$\int e^{ax}dx = \frac{1}{a}e^{ax} + C$$

实际上，这两个公式（因为是相同内容不同说法，所以也可以说是一个）是微积分公式中最重要的公式。例如，用算式表示物体的振动现象，或者制作无线电广播时，这两个公式常被使用。

弯曲也没问题

测量曲线的长度

啊，你的项链真不错。长度大概有 45 cm 吧。

你怎么知道的！

在第 1 章中我们计算了面积和体积，那么曲线的长度是否也可以这样计算呢？如果“曲线≈小折线的集合”的话，那或许可以用积分表示出来。

确实，这种方法并非不可以。但是，问题是“几乎无法得到可以计算的式子”。这样想来，学习微积分前出现的曲线长度公式也只是圆周（圆弧）的长度公式。

没想到曲线长度的计算这么难，但实际上像项链这种曲线的长度是可以顺利计算出来的。秘诀是使用积分和微分。第 1 章和第 2 章已经讲解了积分、微分，所以在第 3 章中我们来尝试完成“曲线长度的公式”。

表现曲线的方法有好多种，先来看一看用$y=f(x)$表现的简单曲线。

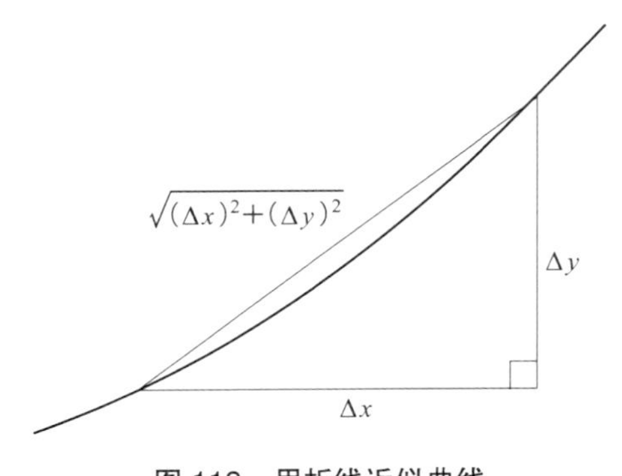

图 113　用折线近似曲线

根据勾股定理可知，图 113 中斜边折线的长度可以表示为

$$\sqrt{(\Delta x)^2+(\Delta y)^2}$$

把曲线看作是“折线长度的累加”，所以可以用式子表示为

$$\sqrt{(\Delta x)^2+(\Delta y)^2}\text{的累加}$$

为了接近原本的曲线，Δx和Δy尽可能取较小值然后累加所有结果。

在此，把Δx移到根号外，以便能够积分。

$$\sqrt{(\Delta x)^2+(\Delta y)^2}=\sqrt{(\Delta x)^2\left(1+\left(\frac{\Delta y}{\Delta x}\right)^2\right)}=\sqrt{1+\left(\frac{\Delta y}{\Delta x}\right)^2}\Delta x$$

让Δx趋向于 0 求极限，括号里的

$$\frac{\Delta y}{\Delta x}\to\frac{\mathrm{d}y}{\mathrm{d}x}$$

x取 a 到 b 范围的值，曲线长度就可以用图 114 表示。

$$\sqrt{1+\left(\frac{\Delta y}{\Delta x}\right)^2}\Delta x$$

$$\Big\downarrow \text{累加} \Delta x\to 0$$

$$\int_a^b\sqrt{1+\left(\frac{\mathrm{d}y}{\mathrm{d}x}\right)^2}\mathrm{d}x$$

图 114　累加极小部分后积分

即曲线的长度公式如下表示。

$$\int_a^b \sqrt{1+\left(\frac{\mathrm{d}y}{\mathrm{d}x}\right)^2}\,\mathrm{d}x$$

曲线的长度公式

如果是用y关于x的式子表示（光滑的 = 可以微分的）曲线，可以用这个式子计算长度。

简洁的悬链线公式

我们顺利得出了曲线的长度公式。但是，刚刚也说过，曲线的长度的积分，不一定是能够顺利计算的式子。

还有无法顺利计算的积分吗?

积分不一定在任何时候都可以顺利计算。老实说，就算能写出积分式子，但可以顺利计算的情况可是少之又少。

但是，也有例外，悬链线的积分式子就可以计算。

图 115　悬垂的曲线（悬链线）随处可见

“悬链线”（catenary）是图 115 中那样的曲线，也叫作悬垂线。悬链（catena）在拉丁语中意为链子。

悬链线和抛物线非常像，但稍微有些不同。和抛物线相比，悬链线的特征是接近顶点（最下方谷底的部分）的弯曲度稍微平滑（图 116）。

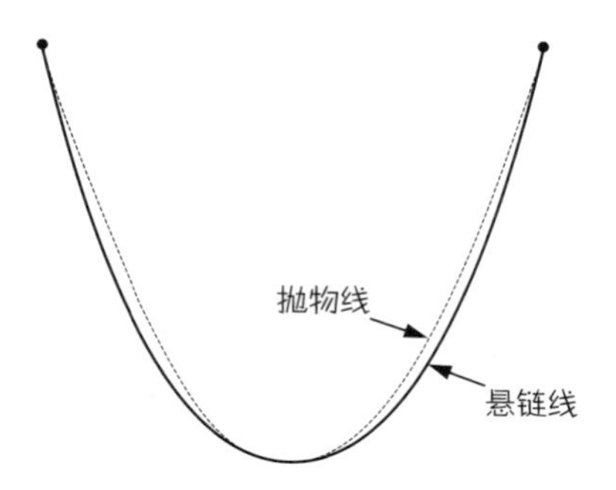

图 116　悬链线和抛物线的微妙区别

仔细观察，悬链线随处可见。例如自然下垂的电线、链条、挂在墙上的布，项链当然也是。

大家如果能找到电线悬链线的话，可以稍微观察一下，就会发现电线并不是低垂着。如果电线绷得过紧，电线必须要十分结实；如果过松，则存在电线碰到行人的危险。实际上，电线悬链线的松紧度，是需要进行周密计算的。

配置电线时电线的松紧程度至关重要。电线的张力和松弛之间的关系，是日本“第三种电气主任技术者资格考试”中的经典题型。

那么，作为使用曲线长度公式的一个例子，我们就来实际计算一下。下面的内容在日本高中教科书中也略有涉及，但是这是一个微积分在现实生活中巧妙应用的珍贵例子，可以让学习者感受到微积分可不单单是计算游戏。

悬链线用式子表示的话，可以写成下面这样（A 是常数[17]）。

$$y=\frac{A}{2}\left(e^{\frac{x}{A}}+e^{-\frac{x}{A}}\right)$$

这个式子表达的图像是悬链线的形状，并不是计算悬链线长度的公式。

顺便说一下，像这种公式不一定必须背诵。需要时查一下立刻就可以懂。

悬链线的式子，表示的是图 117 中x的位置所对应的y值的关系。例如，$x=0$（松弛部分的最下方）时，$y=A$。

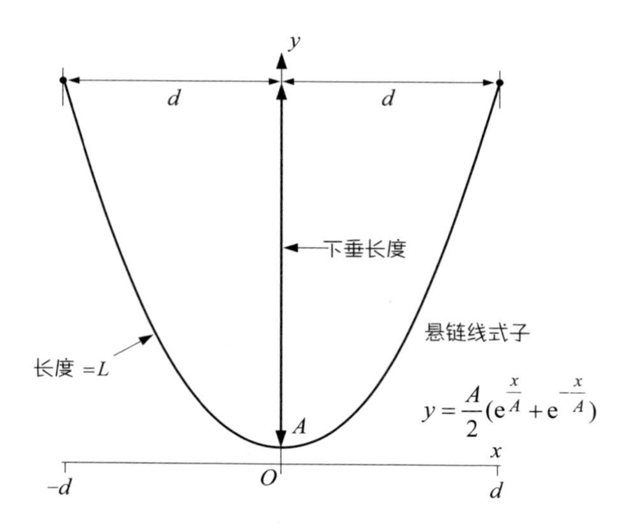

图 117　悬链线式子的示意图

A 是由悬链线的最下方水平方向的张力（牵引力）和线的每单位长度的质量（单位是米的话，可以认为是每 1 m 的重量）决定的。

为了计算悬链线长度，将第 187 页中的曲线长度公式

$$\int_a^b \sqrt{1+\left(\frac{\mathrm{d}y}{\mathrm{d}x}\right)^2}\mathrm{d}x$$

代入悬链线式子

$$y=\frac{A}{2}\left(\mathrm{e}^{\frac{x}{A}}+\mathrm{e}^{-\frac{x}{A}}\right)$$

即可。此时，需要计算y的微分

$$\frac{\mathrm{d}y}{\mathrm{d}x}$$

所以，使用第 183 页的指数函数的微分公式，可得

$$\frac{\mathrm{d}y}{\mathrm{d}x}=\frac{A}{2}\left(\mathrm{e}^{\frac{x}{A}}+\mathrm{e}^{-\frac{x}{A}}\right)\text{的微分}$$

$$=\frac{1}{A}\cdot\frac{A}{2}\mathrm{e}^{\frac{x}{A}}+\left(-\frac{1}{A}\right)\cdot\frac{A}{2}\mathrm{e}^{-\frac{x}{A}}$$

$$=\frac{1}{2}\mathrm{e}^{\frac{x}{A}}-\frac{1}{2}\mathrm{e}^{-\frac{x}{A}}$$

$$=\frac{1}{2}\left(\mathrm{e}^{\frac{x}{A}}-\mathrm{e}^{-\frac{x}{A}}\right)$$

将上面的式子代入根号中整理，去掉根号得出以下式子。

$$
\begin{aligned}
&\sqrt{1+\left(\frac{\mathrm{d}y}{\mathrm{d}x}\right)^2}\\
&=\sqrt{1+\left(\frac{\mathrm{e}^{\frac{x}{A}}-\mathrm{e}^{-\frac{x}{A}}}{2}\right)^2}\\
&=\sqrt{1+\frac{1}{4}\left(\mathrm{e}^{\frac{2x}{A}}-2\mathrm{e}^{\frac{x}{A}}\mathrm{e}^{-\frac{x}{A}}+\mathrm{e}^{-\frac{2x}{A}}\right)}\\
&=\sqrt{1+\frac{1}{4}\left(\mathrm{e}^{\frac{2x}{A}}-2+\mathrm{e}^{-\frac{2x}{A}}\right)}\\
&=\sqrt{\frac{4+\mathrm{e}^{\frac{2x}{A}}-2+\mathrm{e}^{-\frac{2x}{A}}}{4}}\\
&=\sqrt{\frac{\mathrm{e}^{\frac{2x}{A}}+2+\mathrm{e}^{-\frac{2x}{A}}}{4}}\\
&=\sqrt{\frac{\mathrm{e}^{\frac{2x}{A}}+2\mathrm{e}^{\frac{x}{A}}\mathrm{e}^{-\frac{x}{A}}+\mathrm{e}^{-\frac{2x}{A}}}{4}}\\
&=\sqrt{\left(\frac{\mathrm{e}^{\frac{x}{A}}+\mathrm{e}^{-\frac{x}{A}}}{2}\right)^2}\\
&=\frac{\mathrm{e}^{\frac{x}{A}}+\mathrm{e}^{-\frac{x}{A}}}{2}
\end{aligned}
$$

代入$2=2e^{\frac{x}{A}}e^{-\frac{x}{A}}$

图 118　计算悬链线长度的公式

$$\sqrt{1+\left(\frac{dy}{dx}\right)^2}=\frac{1}{2}\left(e^{\frac{x}{A}}+e^{-\frac{x}{A}}\right)$$

对详细计算过程感兴趣的读者，请参照图 118。

例如，当图 117 中$a=-d$、$b=d$时，使用第 183 页的指数函数的积分公式求悬链线的长度，式子如下

$$L=\int_{-d}^{d}\frac{1}{2}\left(e^{\frac{x}{A}}+e^{-\frac{x}{A}}\right)dx \qquad \int e^{ax}dx=\frac{1}{a}e^{ax}+C$$

$$=\left[\frac{A}{2}\left(e^{\frac{x}{A}}-e^{-\frac{x}{A}}\right)\right]_{-d}^{d} \qquad \text{在这个公式中代入 } a=\frac{1}{A},-\frac{1}{A}$$

$$=A\left(e^{\frac{d}{A}}-e^{-\frac{d}{A}}\right)$$

这就是“悬链线的长度公式”，公式非常简洁。

顺便说一下，公式中$\left[\cdots\right]_{-d}^{d}$符号的意思是$\left[\cdots\right]$取$x=-d$时的值到取$x=d$时的值。

验证项链的长度

这公式也太简洁了吧。是不是为了追求能够计算而制造出来的?

确实，能简洁地求出那种看起来有些麻烦的曲线长度，这样莫不是太轻松了?

那么，这个简洁的公式真的能实际应用吗？我们来做个实验。图 119 是悬挂项链形成的悬链线。

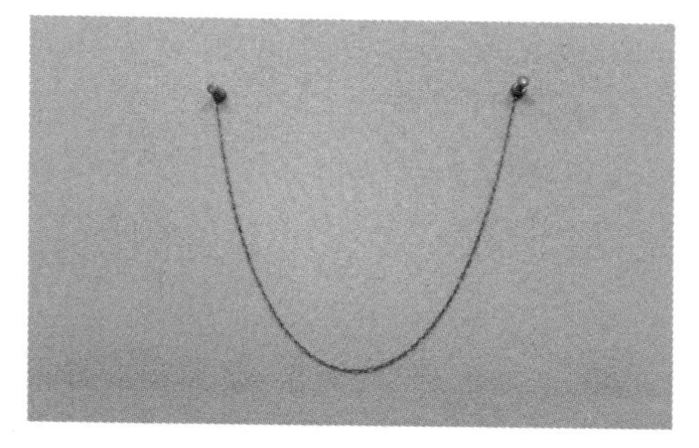

图 119　悬挂项链形成的悬链线

实验材料最好选择柔软、纤细的东西。除项链外，比如孩子的玩具链环、棉质细绳等也都是可以的。

类似的东西还有带装饰物或挂坠的项链，但是这类东西不适合这次的实验。因为装饰物和挂坠会把项链拉向集中的一点，从而破坏悬链线形状。

另外，图片中的项链是我从妻子的饰品盒借来的。这条项链其实也有装饰物，但是为了做实验我把装饰物取下来了。

那么，这条项链虽然质量并非完全均匀，但是组成项链的环扣都非常小，所以可以认为它是近似质量均匀的东西。我测量了项链的“宽度”和“下垂长度”（图 120）。

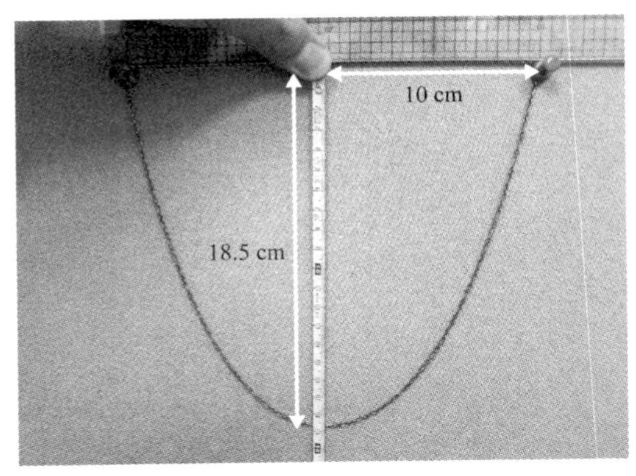

图 120　测量项链悬链线的宽度和下垂长度

实际测量后得知，项链悬链线宽度的一半 $d = 10\text{cm}$，下垂长度是 18.5 cm。在此，需要根据实际测量值求出常数 A。

我们暂且离开实物项链，来看悬链线公式。需要解决的问题是“以悬链线公式为基础，用 A 的式子表示下垂长度”。

A 是曲线最下方的 y 值，另一方面当 $x=d$ 时，y 的坐标为

$$\frac{A}{2}\left(e^{\frac{d}{A}}+e^{-\frac{d}{A}}\right)$$

所以，下垂长度为这个 y 的坐标和曲线最下方的值 A 之差。即

$$下垂长度=\frac{A}{2}\left(e^{\frac{d}{A}}+e^{-\frac{d}{A}}\right)-A$$

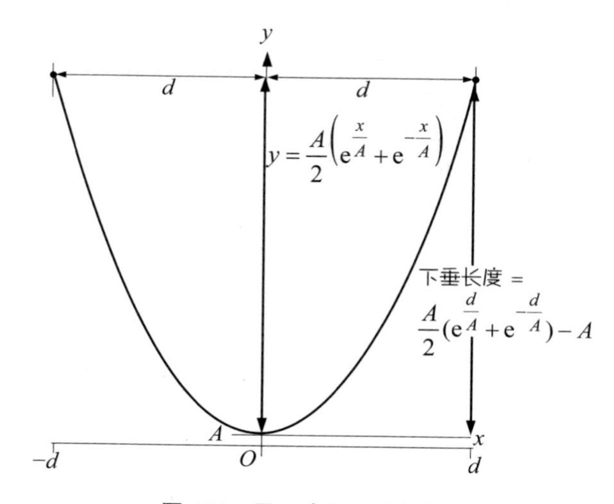

图 121　用 A 表示下垂长度

虽然可以这样“用 A 的式子表示出下垂长度”，但是反过来，“用下垂长度的式子表示 A”，可是连数学家都无法做到。这时候，就需要借助计算机的力量了。

结合 $d = 10\ \text{cm}$，慢慢增大常数 A，来计算下垂长度的值。常数 A 和下垂长度的值的图像见图 122。

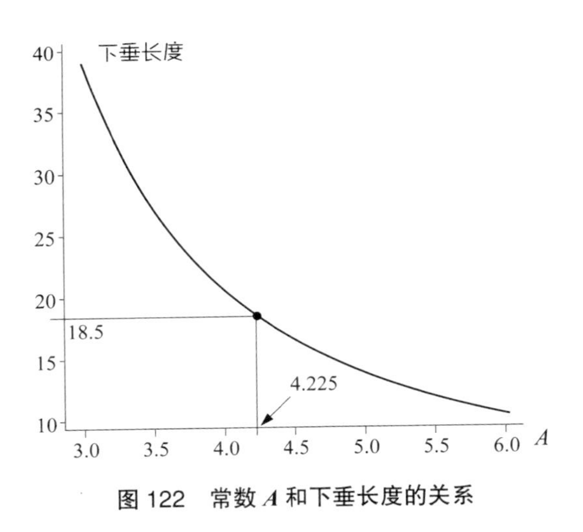

图 122　常数 A 和下垂长度的关系

已知常数 A 与悬链线底部的水平方向的张力（牵引力）成正比。A 增大即等同于强力拉伸项链。因此，A 的值越大，下垂长度就越小。下垂度长为 18.5 cm 时，常数 A 是 4.225。[18]

代入 A 值和 $d=10$ cm，计算悬链线长度

$$4.225\times\left(e^{\frac{10}{4.225}}-e^{-\frac{10}{4.225}}\right)=44.658\cdots\text{cm}$$

这个真的正确吗？我们来实际测量一下。请看图 123。

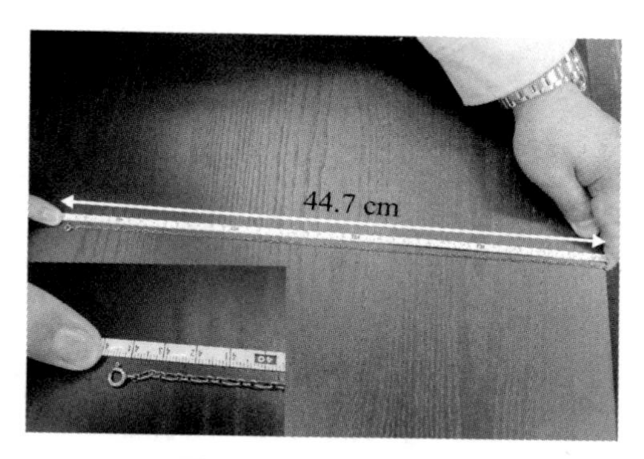

图 123　实测项链长度

实测的结果是 44.7 cm！虽然 d 和下垂长度测量存在误差，但是我们计算出来的项链长度是相当准确的值了。我们的公式果然符合现实情况 [19]。

天！结果真让人吃惊！

微积分可不是纸上谈兵的学问，在现实中可是有相当大的用处。

微积分的真身

微分的可能性

对于高中或者大学教材中的一些内容，一些学习者会产生这样的疑问："这种理所当然的事情，为何还有学习的必要?"

这类内容其实比较难理解其意义，"可微性"就是其中一例。可微性在高中显露头角，到大学则会频繁出现。例如下面这个，

$$f(x)=|x|$$

在原点不可微分。

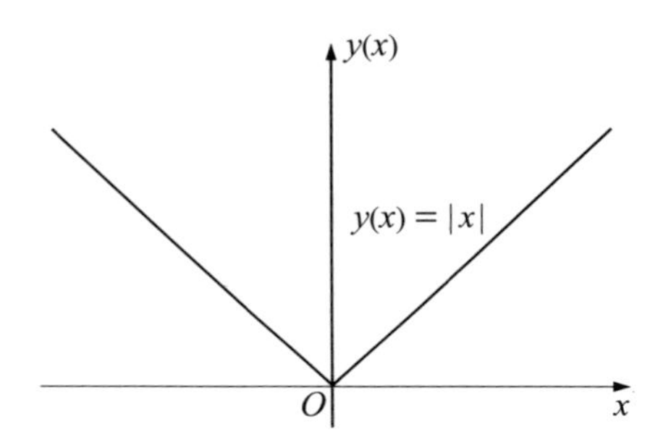

图 124　不可微函数的例子

这不是理所当然的事情吗？在原点处的折弯一目了然，所以当然不可微分。原本加上绝对值就不可微分了，讨论这个不是多此一举吗？

为什么必须要去考虑“可微性”呢？这是因为世界上大部分函数都是不可微分的！

或许有些读者并不了解，**曲线顺滑（可以微分的）函数，它的极限也不一定可以微分。**

这是比较专业的内容了，在这里简单地解释下。

图 125 表示的是“把顺滑的波按照一定规则，分别以 2 个

（$n=2$）、3 个（$n=3$）、4 个（$n=4$）的形式合并出的图像”。右下方的函数是无限合并的波，叫作魏尔斯特拉斯函数。

合并的波在有限数量范围内是顺滑的，但是无限合并顺滑的波形成的魏尔斯特拉斯函数却在所有的点上都无法微分。

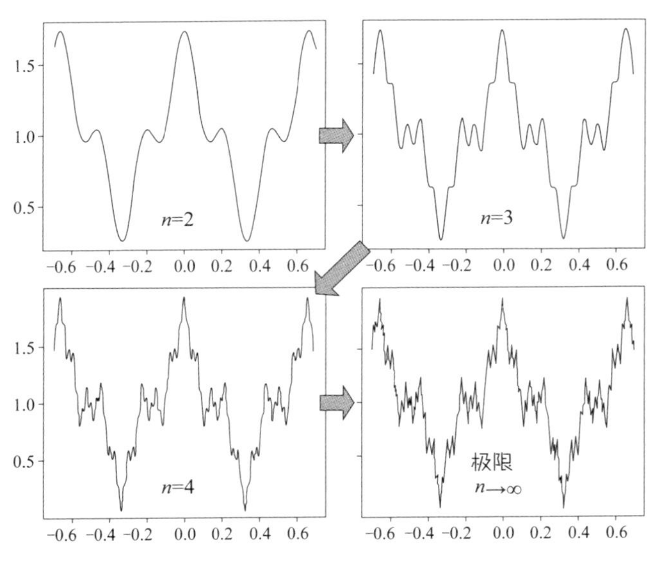

图 125　直到形成魏尔斯特拉斯函数

因为存在这种例子，所以数学家每次说“可不可以微分”时，都会让人神经敏感。比如说不可微函数，一般也很难计算其最大值[20]。

这是因为，如果不可微分，就无法使用

$$\text{微分}=0$$

这个方程式，即任何位置都不可微的函数的图像都无限复杂。

即使从局部来看，不可微函数的图像也并不单纯，这一点和可微函数存在本质上的不同。

可能有人会认为，这种病态函数难道不是罕见的例子吗？但是，事实并非如此。像海岸线那种锯齿状且无法微分的例子，真是一点儿也不罕见。

微分相关的冒险

不少人会误解“世界中尽是可微函数”。有时在微积分的书里也可以看到这样的表述。

例如，“股价变动的图像可以微分，所以就可以知道未来股价的上下浮动”，如果你读到这样的表述，千万不可相信。

我倒是理解想用微积分帮助赚钱的这种心思。

说到投资的话题，经常会提到微分。但是这个说法会让人产生误解。

一般讨论股价会使用概率建立模型。最简单的是使用随机摆动的点，即假设股价是随机摆动的。

根据详细的研究可知，这种点的轨迹在任何时候都是锯齿状的（不可微），和刚才的魏尔斯特拉斯函数相似。即，可以证明在点的随机摆动轨迹中，**几乎所有的点处都没有切线**。股价变动并不是可以用普通微分去预测的温顺之物。在和概率现象纠缠不休的函数中，会频繁出现不可微函数。

图 126 是日经平均股价的图像。锯齿状的线是实际股价，在顺滑的线中，13 周移动平均线是平均了 13 周的股价，26 周移动平均线同样是平均了过去 26 周的股价。在《股价可以预测》这本书中，恐怕把这条“移动平均线”类的东西作为研究图像了。

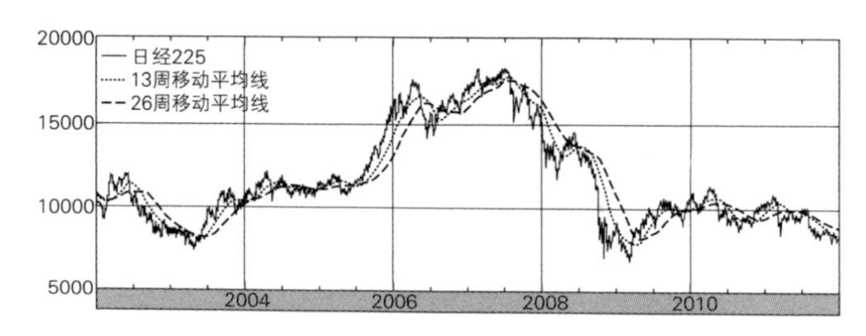

图 126　日经平均股价（2002 年 1 月 ~ 2011 年 12 月）

移动平均线是低通滤波器（Low Pass Filter）的一种，会移除锯齿状的部分（高频率），只让顺滑的部分（低频率）通过。以声音为例，孩子的声音多是高频率，大叔的声音多是低频率。所以，如果让孩子的声音通过低通滤波器（Low Pass Filter），孩子的声音就会变得像大叔的声音[21]。

在了解股价“大致波动”的时候，因为锯齿状的部分很碍事，所以应该使用移动平均线。

但是，原本的股价“本质上”就是锯齿状的（图 126 的实线）。想要微分这种任何地方都不可微分的内容[22]，不得不说是错误的。

但是，要说股价预测和微积分完全没有关系的话，也并非如此。这种概率模型叫作随机微分方程，使用某种微积分是可以进行解析的。

虽说如此，但这和通常的微积分相当不一样，是一门独特的数学[23]。当然，即使使用随机微分方程式，也无法去预测股价。

微积分的应用虽然不具有预测股价这类功能，但是微积分在现实社会中的作用巨大。可以说，微积分是所有学问的基础，反而很难具体说“微积分在这里起作用”，就像空气和水一样。

近似和忽略

正如前文所述，微积分的本质在于近似与忽略。近似指的是忽略一些东西，只给出大概的答案。

但是，在学校的数学教学中，当被问到“平方后等于 2 的值是多少”时，不能回答“大概是 1.4”，原则上必须回答“是$\sqrt{2}$”。微积分的本质内容“近似与忽略”可不能被理解成这类方法。

即使是复杂的形状，也可以将其视为简单长方形的组合（积分），函数在局部可以视为切线或者抛物线（微分），这个思考角度才是微积分的要领。

重要的是不要在意细节。不在意细小的部分，“用直线段近似函数图像”就可以搞清楚容积最大的冰激凌蛋卷筒是什么形状，也可以“把曲线看作折线的组合”来计算悬链线的长度。虽然整体计算很难，但分成较小的部分就会变成简单的累加。这就是微积分厉害之处。

实际上，这种思想并不仅限于微积分，可以说整个数学都是这样的。微积分则是了解该方法有效性的最好素材。

实际上，我们居住的现实世界中，近似可以说是无处不在。比如，不存在无限小的东西（无法比基本粒子更小），宇宙也并非无限广阔。

但是，在实际的微积分中，要考虑无限小的量，或者无限大的空间，这是近似。忽略基本粒子的大小，搁置宇宙的边界限制，这种想法或许与事实相悖，但是这种方法给我们带来的恩惠却不可估量。

微分积分的内容是从细致分割图形开始讲起的，之后又讲到自然常数e，最后又到悬链线的长度。读到这里，大家是不是已经自然而然地认可“近似和忽略”的思考方法呢？如果是的话，那么这就是很大的进步了。

好奇心能在正规教育中幸存下来，简直是一种奇迹。

——阿尔伯特·爱因斯坦

后记

各位感觉如何？从积分开始，我们已经一起了解了相当多的内容。同时，我们也已经学习了微积分基本内容中的大部分知识。

我写这本书的理念是，希望本书能成为可以在上下班、上下学的电车中阅读的书。

当年我还是公司职员时，在长时间的上下班途中，我会沉溺于阅读小开本的图书。当时在电车中几乎找不到座位，所以不能使用纸和铅笔。不过，读书的话，有时候只动脑思考不就够了吗？

并非只有坐在书桌才是学习。不使用纸笔，或者一边躺着一边读书也是很有乐趣的。这时，需要的是一本能够仅靠通读便能理解关键内容的书。这就是我想写出的书。

如果本书能激发你对数学的好奇心，我会深感荣幸。

最后，感谢讲谈社的篠木和久先生。可以说，本书是篠木先生长期忍耐的结果。当时，我受篠木先生之托，轻率地就开始动笔，结果发现专业的内容解释起来非常麻烦。最后，本书经过三次的大幅度修改，终于付梓。在写这本书的过程中，我曾多次想要放弃，每当这个时候，篠木先生都会用适当的建议和诙谐的幽默帮我重树信心。

最后，感谢各位读者阅读本书。

神永正博

2012 年 9 月

尾注

1 本书目的不是详细介绍数学史，所以给出的例子不是最初提出穷竭法之人，而是广为人知的阿基米德。

2 日文原称“粉ふきイモ”。制作方法如下，将土豆去皮，加热使之变软，切块放入容器并撒上盐和香芹，摇晃容器使之入味。——译者注

3 另外，只数圆内部的方格，或者将超出圆的方格一起数，两种方法都可行。不管采用哪种方法，一旦决定后，重要的是不改变其做法。这里我们采用的方法是“数圆中的方格个数”。

4 卡瓦列利原理，即祖暅定理，也叫等幂等积定理，我国南北朝数学家祖暅在推导球体体积公式的过程中提出，其表述为：“夹在两个平行平面间的两个几何体，被平行于这两个平面的任意平面所截，如果截得的两个截面积总是相等，那么这两个几何体的体积相等。”——编者注

5 英文为 solid torus。在数学中常常只考虑圆环体的表面，此时只称其为环面（或者圆环体表面）。

6 计算过程如下：

$$\pi(4+\sqrt{4-x^2})^2-\pi(4-\sqrt{4-x^2})^2$$
$$=\pi\left\{16+8\sqrt{4-x^2}+(\sqrt{4-x^2})^2\right\}-\pi\left\{16-8\sqrt{4-x^2}+(\sqrt{4-x^2})^2\right\}$$
$$=16\pi\sqrt{4-x^2}$$

7 甜甜圈品牌，英文名为 Mister Donut，由美国人哈利・威诺克于 1955 年在波斯顿创立，1971 年日本乐清公司加盟，将该品牌推广到亚洲。

8 顺便说一下，克拉重量越大，这个公式的误差越大。因此，当重量大时可以使用以下公式：

$$y=\frac{x(x+2)}{2}\times 1\text{克拉的价格}$$

使用此公式推算钻石价格的方法称为斯格拉夫（Schrauff）方法。当克拉重量大于 2 时，平方后的价格会趋向于增高。因此，此时的价格计算方法不应该仅仅使用平方，还需要修正。另外，像 6 克拉、7 克拉这样的超大钻石，斯格拉夫价格方法也无法起作用了。

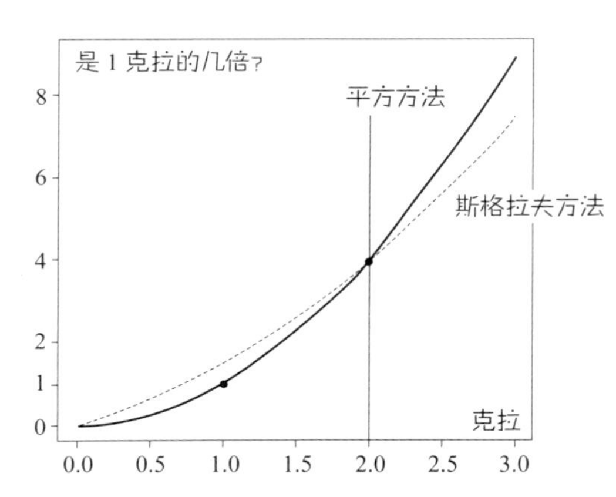

9　在此写下证明概要，请感兴趣的读者参考。首先α是$\frac{m}{n}$形式的分数（有理数）。于是，$(x^m)'=[(x^{\frac{m}{n}})^n]'=(x^{\frac{m}{n}}\times x^{\frac{m}{n}}\cdots x^{\frac{m}{n}})'$
$=\left(x^{\frac{m}{n}}\right)'\times x^{\frac{m}{n}}\times x^{\frac{m}{n}}\times\cdots\times x^{\frac{m}{n}}+x^{\frac{m}{n}}\times\left(x^{\frac{m}{n}}\right)'\times x^{\frac{m}{n}}\times\cdots\times x^{\frac{m}{n}}+\cdots+x^{\frac{m}{n}}\times x^{\frac{m}{n}}\times\cdots\times x^{\frac{m}{n}}\times\left(x^{\frac{m}{n}}\right)'$，所以$mx^{m-1}=nx^{\frac{m}{n}(n-1)}\times\left(x^{\frac{m}{n}}\right)'$。求关于$\left(x^{\frac{m}{n}}\right)'$的解得出$\left(x^{\frac{m}{n}}\right)'=\frac{m}{n}x^{\frac{m}{n}-1}$。这包含了所有的分数（有理数），所以对于任意一个实数α求趋向于α的分数列的极限，可以得出$(x^{\alpha})'=\alpha x^{\alpha-1}$。

10　在表 2 中，“…”从左到右的意思分别是，$x<-1$、$-1<x<0$、$0<x<1$、$x>1$。逐一写下很麻烦，故常常省略。

11　И 实际上和 N 没有任何关系，是两个 I 连接在一起的字母。因为是 I 和 I，所以发音是 YI（II）。

12 为了方便讲解，此处没有提到计算机是如何进行 2 的幂乘计算，实际上计算机也可以计算对数。如果想了解计算方法，可以使用$\beta=-1\pm\left(\frac{1}{1024}\right)$当作 2 的幂乘分之一的加减值，重复平方根计算。此时，平方根计算使用“开平方”这种计算方式。

13 当然必须要考虑正负号，为了避免繁杂，在此假设符号为正的情况。

14 为了避免混淆，在此只考虑 t 值为正的情况，负的情况同样也向极限值收敛。

15 在此考虑$x>0$的情况。另外，严密来讲，必须要能合理化积分符号和β趋向于 -1 的极限的替换，此内容在本书中省略。

16 正确的做法是在$\frac{\Delta y}{\Delta x}$阶段中颠倒分子分母取极限。

17 当绳子的单位长度质量为ρ，重力加速度为g，最下方一点的水平张力为T时，$A=\frac{T}{\rho g}$。

18 在此使用一种叫作牛顿法的数值计算方法求 A。牛顿法是一种必定会出现在数值分析学或者数值算法书中的基本且精确度高的方法。本书中的计算结果是通过“R”语言得出。

19 在日本第三种电气主任技术者资格考试中，我们举出的电线长度近似算式的例子为：$L=2d+\frac{4}{3d}\times$下垂长度^2，这是下垂长度较小时的近似算式，本书中做实验的例子下垂长度大误差也大。实际上实测值为 44.7 cm，使用上面的近似算式计算大约是 65.6 cm，二者差距甚大。电线的话，下垂长度过大会很危险，所以近似算式规避了像实验中项链那样较大的下垂长度，也是有效的。

20 在魏尔斯特拉斯函数的情况下，最大值为 2，很罕见地简单就得出来了，但是一般情况下都不容易实现。

21 当然滤波器的特性不同结果也会发生变化。出来的结果也可能不知所云。

22 根据详细的研究可知，不仅要看一天的最终数值，即使细分每小时、每分钟的时间规模，仍然会出现锯齿状。

23 名称虽然是随机微分方程式，但是实际上是积分方程式，而且这种积分也不是本书中出现的规规矩矩的积分。

版权声明